P. N. Sprengels
Handwerke
und
Künste
in Tabellen.

Mit Kupfern.

Bearbeitung der edeln Metalle.

Dritte Sammlung.

Zweyte verbesserte Auflage.

Berlin,
im Verlag der Realschul-Buchhandlung
1788.

Vorbericht.

Der Verfasser der beiden ersten Sammlungen, welcher die Stelle eines ordentlichen Lehrers an der hiesigen Realschule mit einem Predigtamte verwechselt hat, giebt seinem Nachfolger, in der Vorrede zum ersten Theil, das Recht, solche Handwerke zusammenzustellen, wovon er sich jedesmal am bequemsten unterrichten kann; und dies verschafft bei Schriften dieser Art in der That wichtige Vortheile. Allein vielleicht nur für den Verfasser; denn bei dem Unterricht und beim Lesen ist nothwendig die Beschreibung eines Handwerks verständlicher, wenn dasselbe mit verwandten Handwerken vereinigt ist. Viele Verrichtungen der

Professionisten gränzen dergestalt an einander, daß sie getrennt undeutlich sind, oder der Verfasser muß Beschäftigungen eines Handwerks in das andre übertragen. Wer sieht nicht, daß alsdenn Ausschweifungen und unnöthige Weitläuftigkeit unvermeidlich sind? Vorzüglich aber wird der Unterricht der Kinder und die Arbeit des Schriftstellers erleichtert, wenn die Verrichtungen solcher Künstler und Handwerker hinter einander erzählt werden, die gemeinschaftlich gewisse Materialien bearbeiten, oder eine Waare zur Vollkommenheit bringen. Beide bleiben dann stets in einem Felde, dessen Gegenden ihnen schon bekannt sind; und sie werden sich ungleich leichter zurechte finden, als wenn sie bei jedem Abschnitt in ein neues Gebiet geführt werden.

Dies hat den jetzigen Verfasser bewogen, mit diesen Sammlungen die Aenderung zu treffen, daß in jedem Theile nur solche Handwerke und Künste neben einander stehen sollen, die zu einer Art gehören. Dies allein behält sich der Verfasser vor, daß die Beschreibungen dieser mechanischen Künste nicht jederzeit aus einem Gesichtspunkt vereinigt werden sollen, sondern daß man sie

jedes=

jedesmal aus einem solchen Standort verknüpfen wird, wie man sie am deutlichsten entwerfen kann. Bald werden die Materialien, bald die Waaren, bald der Ort und vielleicht noch andere Dinge mehr den Grund dieser Zusammenfügung enthalten. Wenn man bei Erfindungen, welche die Bedürfnisse der Menschen nach und nach hervorgebracht haben, einer genauen wissenschaftlichen Ordnung folgen will, so sind Ausnahmen und unschickliche Trennungen unvermeidlich. Diese veränderte Gestalt macht es nothwendig, künftig Künstler und Handwerker vermischt zu wählen, so wie sie sich bei der Beschreibung in ihrer natürlichen Folge darbieten.

Den ersten Platz mögen die Metallarbeiter einnehmen, und sie verdienen es, wegen ihres mannigfaltigen Nutzens in der menschlichen Gesellschaft. Der gegenwärtige Theil macht den Anfang mit denjenigen Künstlern und Handwerkern, welche, zum Besten der Begüterten, dem Golde und Silber eine brauchbare Gestalt geben. Von den bekannteu Bearbeitungen dieser Metalle ist nur noch die Münze übrig. Es möchte sich aber wohl schwerlich eine Gelegenheit zeigen, dieses Eigenthum des Staats durch den Augenschein kennen zu lernen, und dies ist bei einer solchen Sache nothwendig. Die Edelsteine stehen mit den edlen Metallen in einem so genauen Zusammenhange, daß man dem Steinschneider keinen bessern Ort anweisen kann, als bei den Gold- und Silberarbeitern. Er würde daher in diesem Theile erschienen seyn, wenn nicht hiedurch die festgesetzte Anzahl der Abschnitte wäre überschritten worden. Im nächsten Theile aber soll er vor den Professionisten seinen Platz erhalten, welche Zinn, Kupfer und Messing zu ihren vorzüglichsten Materialien zählen. Die Stahl- und Eisenarbeiter werden die Beschreibung der Metallarbeiter beschließen.

Der Verfasser kann nicht unterlassen, die Bereitwilligkeit aller derer zu rühmen, die ihm Zugang zu den Werkstätten verschafft und ihm erlaubt haben, Augenzeuge ihrer Beschäftigungen zu seyn. Nur an wenigen Orten fand er Zurückhaltung und finstere Mienen. Es ist wahr, die mehresten Professionisten sind überzeugt, daß ihnen durch Beschreibung ihrer Kunst auf keinerlei Weise Nachtheil zuwächst; doch wäre zu wünschen, daß dies von allen könnte gesagt werden. Die mehresten Handarbeiten sind so beschaffen, daß man sich von ihnen bei einiger Aufmerksamkeit leicht einen Begriff machen kann, wenn man nur Gelegenheit findet, sie in Augenschein zu nehmen. Allein diejenige Leichtigkeit bei der Arbeit, welche man oft nur durch eine vieljährige Uebung erlangt, die kleinen Handgriffe, welche sich nur bei oft wiederholten Verrichtungen darbieten, und beinahe in allen Werkstätten verschieden sind, und eine Ueberlegung, in einzelnen Fällen die Materialien und Werkzeuge mit Vortheil zu gebrauchen, alles dies giebt einem geschickten Künstler und Handwerker solche Vorzüge, die man nicht erklären oder aus Beschreibungen erlernen kann. Was ist also hiebei zu besorgen? Vorzüglich aber muß der Verfasser die Gefälligkeit derer loben, welche sich willig fanden, die Beschreibung ihrer Kunst anzuhören, ehe sie der Presse übergeben wurde. Berlin, den 20ten März 1769.

Inhalt.

Erster

Erster Abschnitt.

Der Goldschläger.

A) Inhalt. Dieser Künstler verwandelt das Gold und Silber auf dem Ambos und durch das Ziehwerk in einen starken Lahn. Diesen zerschneidet er in kleine Theile, und schlägt sie zwischen Pergamentblättern zu so dünnen Platten, daß die schweren Metalle nunmehr einem schwachen Stoß der Luft ausweichen.

B) Die Materialien:

a) Das Gold ☉ ist ein gelbes glänzendes Metall, ohne Klang und merkliche Elasticität, wenn es rein ist. Es übertrifft alle andre Körper an Schwere, und leidet im Wasser und in der Luft keine Veränderung. Es wird von dem südlichen America, Ungarn und Salzburg vorzüglich zu uns genach dem Golde, Quecksilber und Blei am schwersten, und läßt sich durch Scheidewasser und Quecksilber auflösen. Das reine Silber läuft in der Luft und im Wasser nicht an, aber wohl wenn es legirt ist. Es wird gediegen vorzüglich in Westindien und in Norwegen gefunden, in sogenannten Erzen aber beinahe in allen Ländern. Der Künstler und Handwerker braucht folgende Kenntniß dieses Metalls:

A) Das Silber schmilzt im Feuer beim Glühen, und läßt sich leichter, als Gold flüssig machen. Wenn es rein ist, so spielt es beim Schmelzen Farben, oder blickt; daher hat das reine Silber den Namen Blicksilber erhalten. Es läßt sich nach dem Golde am stärksten ziehen und auf dem Ambos strecken. Die Geschicklichkeit des Goldschlägers bestätigt dies letztere gleichfalls am besten.

B) Die Silberarbeiter kochen dies Metall in Salz und Weinstein, und benehmen ihm hiedurch den Schmutz.

C) Weder in der Natur noch im gemeinen Leben findet man völlig reines Silber. Das gangbare Silber ist mit Kupfer vermischt, wodurch es aber, wie das Gold, spröder wird. Man bestimmt diesen Zusatz gleichfalls nach der Masse einer Mark. z. E. Wenn man zu 1 Mark oder 16 Loth dieser

Masse

Masse 12 Loth Silber und 4 Loth Kupfer nimmt, so heißt dies Silber zwölflöthig. Der Künstler untersucht das Gehalt des Silbers, wie beim Golde, durch die Probirnadeln auf dem Probirstein. Nur muß er zum Golde mehrere Probirnadeln besitzen. Der Test befreiet das legirte Silber vom Kupfer und das Scheidewasser vom Golde.

D) Der Goldschläger kauft das Silber, welches er in seiner Werkstätte verarbeitet, schon rein von den Juden.

c) Das Spießglas oder Antimonium ist ein hartes und schweres Halbmetall, welches die Eigenschaft hat, daß es alle Metalle, das Gold ausgenommen, im Feuer zerstört. Das Gold reinigt es bloß von seinen fremden Theilen. Die Scheidekünstler haben bemerkt, daß dies bloß durch den Schwefel geschieht, den das Spießglas bei sich führt.

d) Weißer Landwein und Gewürze, z. E. Weihrauch, Zimmt, Anies. Hiemit überzieht er seine Pergamentblätter, worin er das Gold und Silber schlägt.

e) Mit Bolus färbt er das Papier, worin er die Gold- und Silberblätter legt. Dies Papier wird besonders in den Papiermühlen für diesen Künstler verfertiget. Er streuet den Bolus bloß auf das Papier, und reibt ihn mit einem leinenen Tuch ein.

C) Die Werkzeuge:

a) Gewöhnliche Hessische Schmelztiegel, worin die Metalle flüssig gemacht werden.

b) Der Zahneinguß ist ein starkes viereckiges Eisen mit einem Handgriff von eben dem Metall. In dem starken Theil dieses Werkzeugs ist auf einer Seite eine viereckige Aushölung, worin das geschmolzene Metall gegossen wird. Der Goldschläger braucht sie von verschiedener Größe. Bei den gewöhnlichen ist die Vertiefung etwa einen Fuß lang und einen Zoll breit und dicke. Ehe eingegossen wird, macht man den Einguß heiß, und beschmiert die Aushölung mit Talg, damit das flüssige Metall nicht in die Zwischenräume des Eisens eindringe.

c) Ein gewöhnlicher großer Schmiedeambos, die Metalle zu strecken, und Schmiedehammer, welche auf der verkehrten Seite eine stumpfe Schärfe oder Pinne haben.

d) Das Ziehwerk Fig. I. Durch diese Maschine verlängert der Goldschläger den gegossenen und geschmiedeten Gold- oder Silberzahn. Sie ist aus nachstehenden Theilen zusammengesetzt: 1. das Gestell der Maschine sind zwei eiserne Wände, etwa 10 Zoll hoch, 2 Zoll breit und 1 Zoll dick. Sie stehen etwas über 1½ Zoll von einander, und sind oben und unten durch zwei eiserne Riegel vereiniget. 2. Diese Wände tragen

zwei

zwei Walzen $1\frac{1}{2}$ Zoll lang und dick. Sie sind aus dem besten Eisen geschmiedet und gut gehärtet. Der Gold- und Silberstab wird durch die Walzen bei jedem Durchziehen dünner gepreßt, und daher muß man beide näher an einander bringen können. In dieser Absicht kann die obere Walze hinauf und hinab bewegt werden. Es ist dieserhalb über der obern Walze 3 ein beweglicher eiserner Riegel angebracht, an welchem unten auf beiden Enden eine Backe oder eine kleine eiserne Platte angeschmiedet ist. Der Riegel mit den Backen sind in den Wänden eingefalzt. In diesen beiden Backen ruht die Axe der obern Walze. 4. In den beweglichen Riegel fassen zwei Schrauben, welche durch einen Hebel 5 bewegt werden. Hiedurch kann man den Riegel und zugleich durch ihre Backen die obere Walze der untern näher bringen, oder entfernen. Man kann zwar den Hebel nicht völlig umdrehen, allein die Walze braucht auch nur wenig erhöht zu werden, weil der Gold- oder Silberzahn nicht stark ist. 6. An jeder Welle der Walzen ist auf beiden Seiten außerhalb der Wände ein Sternrad befestigt. Ihre Zähne fassen in einander, und daher müssen sie ziemlich lang seyn, daß sie sich noch ergreifen, wenn gleich die obere Walze höher gestellt wird. Bei den gewöhnlichen Ziehmaschinen der Goldschläger fehlen diese vier Sternräder; allein sie haben auch den Fehler, daß der Gold- oder Silberstab nicht gleichmäßig gezogen wird, wenn eine Person die Kurbel 7. stärker bewegt, als die andre. Bei dieser Einrichtung aber erhalten die Sternräder ihre Bewegung gleichförmig. Zwei Personen sind nur im Stande, den Zahn durchzupressen, und daher hat die Maschine zwei Kurbeln. 8. Vor beiden Walzen ist der Einlaß, ein dünner eiserner Stab angenietet. In der Mitte hat er ein Loch, wodurch man beim Ziehen den Gold- oder Silberzahn steckt. Dies giebt ihm eine gerade Richtung auf der Walze. 9. Endlich ruht das ganze auf einer Banke. Eine solche Maschine kann in Berlin verfertigt werden, und kostet nach Beschaffenheit ihrer Einrichtung 30 bis 60 Rthlr.

e) Die Formen sind Pergamentblätter, welche ohne Befestigung auf einander liegen. Ihre Dicke richtet sich nach der Stärke des Metalls, das darin soll geschlagen werden, und daher giebt es Formen von verschiedener Art.

A) Die Quetschform besteht aus 150 bis 250 Blättern von gewöhnlichem Schreibepergament. Unter jedem Blatt liegt beim Schlagen eine dünne Gold- oder Silberplatte; denn die Formen sind die Behältnisse, worin der Goldschläger seine Metalle zu den feinsten Blättern schlägt. Er nimmt hiezu altes Schreibepergament, z. E. mit

Mönchs-

Mönchsschrift beschrieben, und wäscht die Unreinigkeit ab. Der Goldschläger löst starke Gewürze in weißem Landwein auf, überstreicht hiemit beide Seiten der Blätter vermittelst eines Schwamms, und macht sie hiedurch zu seiner Arbeit brauchbar. Dies füllt nicht nur die Zwischenräume des Pergaments aus und stärkt es, daß es den Schlag eines schweren Hammers ertragen kann, sondern es benimmt ihm auch alle Fettigkeit, woran die feinen Metallblätter kleben und sich nicht ausdehnen würden. Wenn auf irgend eine Art diese Ausdehnung des Metalls gehindert wird, so heißt dies in der Sprache der Goldschläger, das Metall hat keinen Schuß. Eine Form würde zu stark angegriffen werden, wenn man in ihr das Metall zu der Feinigkeit strecken wollte, die es in den Quetschformen erhalten muß. Daher bedient sich der Goldschläger einiger Formen dieser Art von verschiedener Größe, denn das Metall erhält nach und nach eine größere Ausdehnung.

a) Die erste Form nennt er die Dickquetsche. Sie ist ins Gevierte 3 Zoll.

b) Die Herausquetsche ist ein Quadrat, dessen Linie $4\frac{1}{2}$ Zoll beträgt.

c) Die letzte heißt die Dünnquetsche. Sie ist 3 Zoll 1 Strich lang und breit.

Anm. Man bedient sich durchgängig des Rheinländischen Längenmaßes, wenn nicht ausdrücklich angezeigt wird, daß darunter das geometrische zu verstehen sey.

B) Die Hautformen bestehen aus 550 Blättern, welche dünner sind, als die vorigen, weil die Metallplatten in den vorigen Formen merklich an Dicke abgenommen haben. Dies feine Pergament wird aus der obern Haut des Mastdarms der Rinder zubereitet. Die hiesigen Schlächter wollen sich nicht die Mühe geben, diese feine Haut abzuziehen, und daher muß sich der Goldschläger dies Pergament aus England kommen lassen. Man spannt sie gleich nach dem Abziehen aus, läßt sie trocken werden, klebt zwei solche feine Häute zusammen und schneidet daraus Quadrate 5½ Zoll ins Gevierte. Sie werden hierauf, wie die ersten Formen, mit aufgelösten Gewürzen überzogen. Nur nimmt man noch mehrere und stärkere Gewürze und das Ueberstreichen geschieht öfter. Der Goldschläger erhält sie schon zubereitet aus England, und er strecket sie bloß in seiner Werkstätte. Es heißt aber in seiner Sprache strecken, wenn er die neue Hautform zwischen die Blätter einer trocknen Pergamentform legt, und sie in diesen Blättern einige Stunden schlägt. In zwei solchen Formen, nämlich der Löthform und Dünnschlagform verwandelt der Goldschläger die starken Goldblätter in diejenige Gestalt, worin er sie verkauft. Diese Form sowol als die Quetschen stecken beim Schlagen in Futteralen kreuzweise über einander. Die Futterale sind von einfachem Buchbinderpergament, haben aber keinen Boden. Daher sitzen sie kreuzweise auf den Formen, damit sie demohngeachtet die unbefestigten Blätter auf allen Seiten einschließen und zusammenhalten. Damit aber die Formen in den Futteralen völlig unbeweglich liegen, so preßt er sie mit dünnen Hölzern auf jeder schmalen Seite der beiden Futterale zusammen. Fig. II. stellet eine solche Form im Futterale vor.

Anm. Kleine Löcher dieser letztern Formen flickt man mit alten Blättern vermittelst Hausblase in Weinessig aufgelöst. Es war nöthig, diesen Handgriff zu bemerken, weil diese Formen in Teutschland theuer sind.

C) Soll Gold und Silber durch das Schlagen vereinigt werden, so bedient sich der Goldschläger einer Form von starkem Papier. Er weiß aus der Erfahrung, daß diese Metalle in den gewöhnlichen Formen nicht zusammen halten. Vielleicht weil sie noch etwas klebrig sind.

D) Der Plan ist eine gewöhnliche Form von Pergament, nur daß sie etwas grösser als die übrigen ist. In dieser Form erfrischt man die Hautform, wenn sie durch das

Schla-

Schlagen schlaff geworden ist. In dieser Absicht bestreicht man vermittelst eines Schwamms beide Seiten der Blätter des Plans mit weißem Landwein, legt jedes Blatt der Hautform zwischen die Blätter des Plans, und läßt sie 4 Minuten hierin liegen. Hiedurch erhält diese Form wieder Stärke. Zu jeder Hautform nimmt der Goldschläger $\frac{3}{4}$ Maß Wein.

f) Der Marmor ist etwa $2\frac{1}{2}$ Fuß hoch, und steht eben so tief in der Erde, damit das Gebäude beim Schlagen nicht Schaden leide. Auf diesem Stein streckt der Goldschläger die Metalle in den Formen. Er ist etwa $1\frac{1}{2}$ Fuß lang und 1 Fuß breit, und außerdem ist er noch mit einer hölzernen Umfassung umgeben. Fig. III. stellt den bloßen Marmor vor. Fig. IV. ist die Oberfläche des Marmors, wo der Arbeiter schlägt, mit der Umfassung. 1 bezeichnet den Marmor, 2 die Umfassung und 3 einen Rand, etwa 3 Zoll hoch, damit beim Schlagen nichts von dem Abgang verloren gehe. Auf der Seite aber, wo der Arbeiter beim Schlagen sitzt, ist kein Rand, sondern ein Leder, das der Goldschläger bei der Arbeit statt eines Schurzfells vor sich nimmt. 5 vorn im Rande ist ein Einschnitt, woran man das Futteral der Formen abzieht. Um den Marmor ist Papier geklebt, damit er sich mit der Umfassung vereinige. Auf der obern Fläche ragt

der

der Marmor beinahe 2 Zoll über der Umfassung hervor; ohne das würde ihn der Hammer nicht sicher treffen. Ein jeder anderer Stein würde eben die Dienste thun, wenn er hart wäre, und wenn ihn der Goldschläger groß genug und behauen erhalten könnte. Dies Werkzeug nöthigt diesen Künstler seine Werkstätte in dem untersten Stockwerk anzulegen.

g) Der Schlaghammer Fig. V. wiegt 18 bis 20 Pfund, und hat eine doppelte breite Bahn. Die eine ist aber nur zum Schlagen verstählt und geglättet, und die andere dienet nur, dem Hammer ein Gewicht zu geben.

h) Die Werkzange besteht aus 2 dünnen Hölzern oder Schenkeln, wie sie der Goldschläger nennt, von Pfaffenholz Fig. VI. Man bringt mit dieser Zange die feinern Blätter aus einer Form in die andre, oder auf das Küssen. Der eine Schenkel ist vorne spitzig, und hiemit zerreißt der Goldschläger die Gold- oder Silberblätter.

i) Eine viereckige Schachtel von Eisenblech einige Zoll ins Gevierte. Hierin glühet er die Metallplatten zuletzt.

k) Die Spannzange Fig. VII. Sie hat viel Aehnlichkeit mit einem Brenneisen, und man hält hiemit die Blätter der Formen zusammen, wenn man sie aufblättern und die Metalltallblätter aus einer Form in die andre, oder auf das Küssen bringen will. 1. sind die breiten Kneipen der Zange, welche die Form halten; 2. ein kleiner Bock, worauf sie bei dem Gebrauch ruht; 3. ein Eisen mit einigen Löchern, um die Zange nach der Dicke der Form zu spannen.

l) Das Reißmesser ist ein gewöhnliches Messer mit einer doppelten Schneide. Die Metallplatten werden hiemit getheilet, wenn sie noch stark sind. Fig. VIII.

m) Mit der Schere Fig. IX. die den Schafscheren völlig ähnlich ist, werden die dünnen Metallstangen zerschnitten, wenn sie von dem Ambos kommen.

n) Die eiserne Presse Fig. X. hat folgende Theile: zwei eiserne starke Platten 1. 2. Die untere ist an zwei eisernen Stäben 3 befestigt, die obere aber steckt auf den Stäben beweglich. Dieserwegen hat sie auf ihrer obern Seite einen Bügel 5, woran vermittelst eines Nagels die Spitze einer Schraube 4 beweglich befestigt ist. Man sieht leicht, daß die Mutter der Schraube in dem Riegel 6 angebracht ist. Die Dünste in der Werkstätte ziehen sich in die Formen, und der Anstrich von Gewürz wird hiedurch klebrig. Dies hindert den Schuß der Metallblätter, und daher muß die Form, so oft sie gebraucht ist, von dieser Nässe befreiet werden.

Ohne

Ohne das würde die Arbeit des Künstlers sich verzögern, weil er die Blätter länger schlagen müßte. Er bestreuet dieserwegen jede Seite der Form mit zerstoßenem Marienglas, und reibt es mit einem rauhen Hasenfuß ein. Dies nimmt das Klebrige des Anstrichs weg. Die innere Nässe aber trocknet er durch die eiserne Presse aus. Er bringt nämlich die Form zwischen zwei dünnen buchenen Brettern, damit sie nicht verbrenne, in die Presse, und zieht die Schrauben scharf an. Nachdem er viel Feuchtigkeit entdeckt, muß sie lange in der Presse liegen. Alsdenn legt er auf die glatte Bahn eines Hammers eine Zange oder einen Ring, stellt die Form darauf, und hält sie dergestalt, daß er durch alle Blätter durchblasen kann. Ist in der Form noch Nässe, so setzt sie sich, nach der Natur der Dünste, an das kalte und schwere Metall des Hammers. Er muß alsdenn das Pressen so lange fortsetzen, bis beim Durchblasen durch die Form der Hammer nicht mehr anläuft. Durch das Marienglas aber bekömmt die Hautform Flecke, wodurch das Silber anläuft. Daher reibt der Goldschläger diese Flecke auf den Blattern der alten Formen ab, und schlägt hierin das Silber. Er reinigt alsdenn die Form ohne Marienglas bloß in der Presse.

o) Das Küssen ist ein Schaf- oder Kalbfell, das auf einem Brett ausgespannt und platt aus-

ausgestopft ist. Fig. XI. Die Goldblätter werden auf dem Küssen viereckig geschnitten; und daher reibt man es mit zerstoßenem Marienglas, damit die Blätter nicht an das fette Leder ankleben.

p) Der Karrn Fig. XII. Es sind zwei stählerne scharfe Klingen 1. 2. welche durch Schrauben 3. zusammen gehalten werden. Auf den Schrauben ist ein Bügel 4. angelöthet, womit man beim Schneiden den Karrn hält. Seine Bestimmung ist, die Blätter auf dem Küssen zum Verkauf zu beschneiden. Daher kann man die Klingen durch die Schrauben von einander entfernen, oder einander näher bringen, nachdem die Blätter klein oder groß seyn sollen.

D) Die Waaren. Der Goldschläger verfertigt bloß Gold- und Silberblätter von verschiedener Art. Die Handgriffe lassen sich bei den verschiedenen Benennungen derselben am besten anbringen.

a) Goldblätter.

A) Feingold wird auf folgende Art verfertigt:

a) Man schlägt es aus völlig reinem Golde und daher muß von diesem Metall alles Kupfer oder Silber abgesondert werden. Der Goldschläger gießt deshalb das Gold durch Spießglas. Hiemit hat es folgende Bewandniß. Das Gold wird in

einem

einem Hessischen Schmelztiegel flüssig gemacht, und hierauf drei oder viermal so viel Spießglas hinzugeschüttet, als die Masse des Goldes beträgt, nachdem das Gold viele fremde Theile hat. Das Spießglas wird bald flüssig und läßt das Gold fallen, das Kupfer oder Silber aber bleibt in demselben zurück. Dieses Schmelzen nennt man verblasen. Die flüssige Masse wird in einen Einguß gegossen, und wenn sie kalt ist, kann man das Antimonium mit den fremden Theilen von dem Golde absondern. Allein in dem Spießglase bleiben noch einige Theile von dem Golde zurück, und daher wird es noch einigemal mit reinem Spießglas verblasen, oder es wird auf den Test gebracht, wo das Spießglas verraucht. Von dem Test soll im folgendem Abschnitt das nöthige gesagt werden.

Anm. Auf eben die Art reinigen die übrigen Goldarbeiter das Gold, wenn es zu ihrer Arbeit zu spröde ist.

b) Der Goldschläger schmelzet nun von neuem das Gold. Es ist völlig flüssig, wenn es eine meergrüne Farbe hat, und wird alsdenn in den Einguß gegossen. Der gegossene Goldzahn hat nicht jederzeit einerlei Schwere, weil man einen großen oder kleinen Einguß nehmen kann. Hier soll der Fuß eine Goldstange seyn, deren Schwere 18 Dukaten, oder beinahe 5 Loth beträgt. Ein solcher Goldstab ist ohngefähr 1 Fuß lang und 1 Zoll breit und dick. Wenn er kalt ist, glühet ihn der Goldschläger drei bis viermal und schmiedet ihn bei jedem Glühen auf dem Ambos, bis er $2\frac{1}{2}$ Strich breit und dick ist. Er nimmt also hiedurch zwar an Dicke und Breite ab, aber er wird länger und erhält durch das Schmieden eine grössere Dichtigkeit, daß er sich in den Formen desto stärker strecken läßt.

c) Von dem Ambos bringt man ihn auf das Ziehwerk Fig. I. Zwei Arbeiter bewegen die beiden Kurbeln dieser Maschine, der eine rechts und der andre links, und hiedurch wird der Metallstab durch die Walzen gepreßt und breit gedrückt. Er wird aber bei dieser Verrichtung nicht geglühet. Die Walzen werden nach jedem Durchziehen näher an einander geschroben, bis der 18 Dukaten schwere Goldstab 12 Fuß lang ist.

d) Der ausgedehnte Goldzahn wird nunmehr zusammengewickelt und im Feuer geglühet, weil ihn das Ziehen spröde gemacht hat. Wenn er kalt geworden ist, so zieht man ihn wieder aus einander und wickelt ihn um ein dünnes Holz, wie man die Bänder pflegt aufzuwickeln. Man nimmt aber das Holz wieder heraus, und bindet das Gold auf beiden Enden mit einem Bindfaden zusammen. Man wird sich hiervon aus der XII. Figur einen Begriff machen können. Durch

dieses

dieses Zusammenwickeln des Goldes verschafft sich der Goldschläger den Vortheil, daß er mit einem Schlag des Hammers mehrere Stellen des Metalls trifft. Er legt nämlich das zusammengewickelte Gold auf den Ambos, und schlägt es mit der Pinne eines Schmiedehammers so lange nach der Breite, bis es 1 Zoll breit ist. Ehe es aber diese Breite erreicht, muß er es aufwickeln, von neuem glühen und auf der andern Seite auf eben die Art schlagen. Er wickelt es hierauf aus einander, schlägt es mit der breiten Bahn eben, und zerschneidet es mit der Schere Fig. IX. in kleine Platten, welche 1 Zoll ins Gevierte groß sind. 18 Dukaten geben 132 solche Platten.

e) Diese starken Goldplatten werden hierauf zwischen die Blätter der ersten Pergament- oder Quetschform gelegt, und so lange auf dem Marmor Fig. IV. mit dem Werkhammer Fig. V. geschlagen, bis sie 2 Zoll ins Gevierte ausgedehnt sind. Bei allen diesen Formen hebt der Arbeiter mit der einen Hand den Hammer, und mit der andern bewegt er die Form in dem Futteral dem Hammer entgegen. Er besitzt durch die Uebung die Geschicklichkeit, mit der linken Hand gleichfalls den Hammer zu bewegen, und daher wechselt er zum öftern mit den Verrichtungen der Hände ab, wenn die Hand, so den Hammer führt, ermüdet.

Er dreht die Form beständig herum und thut auf jeder Stelle einige Schläge, kehrt sie um und schlägt auf der andern Seite, wie auf der ersten. Der Hammer trifft die Form auf den Seiten am sichersten, und daher sind hier die Metallblätter am dünnsten. Haben die Blätter in dieser Quetsche die gedachte Größe erhalten, so werden sie in der eisernen Schachtel zuletzt geglühet. Es werden insgemein Blätter aus vier Quetschen zugleich geglühet und ein Pack neben das andere gesetzt. Die Blätter sind anjetzt ohngefähr so dick, wie ein Papier. Sind sie schon dünner geschlagen, so wagt es der Goldschläger nicht mehr, sie zu glühen, weil sie alsdenn vom Feuer würden verzehrt werden. Gleichwohl würde das Gold ohne dies letztere Glühen spröde werden und beim Schlagen Schaden leiden.

f) Ein Blatt muß in der Folge so groß seyn, als das andere, damit sie endlich eine gleiche Dicke erhalten. Und daher bringt der Goldschläger die kleinern in die zweite Pergament- oder Herausquetscheform, und macht sie hierin den größern gleich. Zugleich werden hernach in eben dieser Form alle Blätter geschlagen. Man nimmt sie wieder aus dieser Form, wenn sie hervorscheinen, und also 4½ Zoll, wie die Form, lang und breit sind.

g) Ehe

g) Ehe die Blätter in der dritten Quetsche geschlagen werden, zerschneidet man sie auf dem Küssen Fig. XI. mit dem Reißmesser Fig. VIII. in zwei Theile, daß also aus den 132 Blättern 264 entstehen. Hierauf erforscht der Goldschläger auf einer Wage die Schwere der Blätter, und bestimmt die schweren zu einer Dünnquetschform, die leichtern aber zu einer andern; denn ein Arbeiter hat von jeder Form zwei Stück. Dies Abwiegen nennt er vergleichen. So wie die Blätter gleich groß seyn müssen, so müssen auch alle, die zu einer Form gehören, eine gleiche Schwere haben, auf daß alle an Stärke gleich sind, wenn sie völlig bearbeitet sind. Aus eben der Ursache müssen sie auch durchgängig gleich dick und viereckig seyn. In dieser letzten Absicht zerreißt er die Hälften von neuem in gleiche Theile, ehe er sie in die Dünnquetschform bringt, und legt, wie er sich ausdrückt, den Hinter- und Vorderzipfel dieser beiden Viertel zusammen. Jedes Viertel hat nämlich nur auf den beiden Seiten eine gerade Linie, wo es zweimal zerschnitten ist. Nunmehr aber legt er zwei Viertel dergestalt zusammen, daß sie beide ein völliges Viereck ausmachen, und daß die ungleichen und dünnen Spitzen auf die stärkern rechten Winkeln zu liegen kommen. Diese beiden Blätter bleiben über einander auf einem Blatt der Form liegen, und der erste Schlag des Hammers vereiniget sie auf immer. In der Dünnquetschform werden die doppelten Blätter so lange geschlagen, bis sie auf allen Seiten der Form herausdringen. Das Vorstehende kratzt man mit einem Messer ab, und 18 Dukaten geben 1 Dukaten Abgang. Der Goldschläger nennt daher allen Abgang Krätze, und diese findet man reichlich in seiner Werkstätte.

h) Aus dieser Quetsche kommen die Blätter in die Hautformen. Vorher aber theilt der Goldschläger jedes Blatt kreuzweise, und erhält hierdurch von jedem 4 kleine Blätter 1½ Zoll ins Gevierte, überhaupt aber 1056 solche Blätter. Diese vertheilt er in zwei Löthformen von 550 Blätter, und schlägt sie so lange, bis sie sich dergestalt ausgedehnt haben, daß nur noch auf allen Seiten eines Blatts der Form ein Raum übrig bleibt, der die Breite eines Schenkels seiner Werkzange Fig. VI. beträgt. Er hält nun die Blätter der Löthform mit der Spannzange Fig. VII. zusammen, nimmt mit der Werkzange die dünnen Goldblätter von der Form ab, legt 40 bis 50 Blätter auf einander, und zerreißt sie mit dem spitzen Schenkel der Werkzange in vier Theile. Hierdurch entstehen 4224 Blätter. Diese vertheilt er in Dünnschlagformen, und schlägt sie so lange, bis jedes 3½ Zoll lang und breit ist. Sieht ein

ein Blatt grün aus, wenn man es an das Licht hält, so hat es seine gehörige Dicke.

i) Endlich befestigt der Goldschläger diese letzte Form gleichfalls durch die Spannzange, zieht mit der Werkzange ein Blatt nach dem andern von der Form ab und legt es auf das Küssen. Er giebt hierauf vermittelst der Schrauben den Klingen des Karrn Fig. XII. eine solche Entfernung, als die gewöhnliche Größe der Blätter erfordert, die er zerschneiden will. Er beschneidet mit den Klingen des Karrn jedes Blatt erst nach der Länge und alsdenn nach der Breite, und hierdurch entsteht ein völliges Quadrat. Reißt ein Blatt beim Auflegen oder Zerschneiden, so ergänzt er es durch ein Stück von dem Abgang, drückt es mit der Werkzange auf, und macht es durch den Karrn dem übrigen gleich. Dies hält so gut, wie die andern Theile des Blatts. Die letzte Verrichtung des Goldschlägers ist, daß er die Metallblätter zwischen rothgefärbtes Papier legt. Ohnedem würden sie zusammen kleben.

Anm. Das Beschneiden giebt abermals einen großen Theil Krätze, und der Abgang beim Goldschlagen muß beträchtlich seyn. Vielleicht, möchte dieser Künstler selbst nicht im Stande seyn, dieses Geheimniß genauer zu verrathen.

 k) Das

k) Das Feingold, wovon hier vorzüglich die Rede ist, wird in ein Blatt $2\frac{1}{2}$ Zoll ins Gevierte geschnitten und in einem Buche, worin 15 Blätter liegen, für 7 Gr. 6 pf. verkauft. Die Maler verbrauchen es zum Vergolden.

B) **Süßhalbgeschlagen** wird gleichfalls aus feinem Golde auf die beschriebene Art verfertigt, außer daß die Blätter in den beiden Hautformen nicht so stark geschlagen werden und daher dicker bleiben. Ein Buch enthält 12 Blätter, 3 Zoll ins Gevierte, und kostet 9 Groschen.

C) **Hochhalbgeschlagen** hat seinen Namen von seiner hohen Farbe, die es durch einen Zusatz von Kupfer erhält. Es wird wie das vorige geschlagen. In einem Buche liegen 6 vierzöllige Blätter, und es wird für 9 Groschen verkauft.

D) **Mittelhalbgeschlagen** ist etwas weniger mit Kupfer versetzt, als das vorige. 12 Blätter, $3\frac{1}{2}$ Zoll ins Gevierte, machen ein Buch aus, und kosten 9 Groschen. Die Schwerdtfeger brauchen diese beiden Arten zum Vergolden.

E) **Breitgold** wird aus Dukatengold, wie die erste Art, geschlagen. Das Buch ist 25 Blätter stark, die 3 Zoll breit und lang sind, und kostet 12 Groschen.

F) Franz-

F) Franzgold hat eine blasse Farbe, weil es mit Silber versetzt ist. Es wird in zweizöllige Blätter zerschnitten, und ein Buch von 25 solchen Blättern kostet 6 Groschen. Die Buchbinder gebrauchen es.

G) Fabrikengold wird aus feinem Golde für die Gold- und Silberfabrik verfertigt. Aus der Schwere eines Dukaten schlägt der Goldschläger nur 4 Blätter, 4 Zoll ins Gevierte. Es wird bloß in den Quetschen geschlagen und ist daher noch so stark, daß es rauscht. Man verkauft es nach dem Gewicht.

G) Zwischgold ist auf der einen Seite Silber und auf der andern Gold. Zu 18 Loth Silber nimmt man 10$\frac{1}{2}$ Dukaten. Wenn das Silber aus der zweiten Pergamentquetsche und das Gold aus der ersten Hautform kommt, so wird auf jedes Blatt Silber ein Blatt Gold in der Form von Papier gelegt, weil es sich in den gewöhnlichen Formen nicht vereinigt, und wie das übrige geschlagen. Bloß durch das Schlagen entsteht aus beiden ein einziges Blatt. Es wird alsdenn in die erste Hautform gebracht, nachdem es vorher in 4 Theile zerrissen ist, und so lange geschlagen, bis man von dieser Form von 550 Blättern 1$\frac{1}{2}$ Loth Krätze abnehmen kann. Jedes Blatt theilt man hierauf von neuem in 4 Blätter, und schlägt es in der letzten Hautform. Es wird in zweizöllige Blätter zerschnitten, und ein Buch von 25 Blättern für 3 Gr. verkauft. Die Buchbinder gebrauchen es gleichfalls.

b) Silberblätter werden wie das Gold bearbeitet, außer daß sie nicht in der dritten Pergament- oder Dünnquetschform geschlagen werden, weil sie sich nicht so stark, als das Gold, strecken lassen. Durch das Schmieden verlängert sich ein Silberzahn, 18 Loth schwer, 1½ Elle, auf dem Ziehwerk aber 8 Klafter. Der Goldschläger verfertigt drei Arten Silberblätter, welche nach ihrer Dicke und Größe also auf einander folgen:

A) Schwerdtfegersilber hat diesen Namen, weil es von diesem Metallarbeiter zum Versilbern gebraucht wird. Es ist das stärkste und wird in vierzöllige Blätter zerschnitten. Das Buch, 25 Blätter stark, kostet 3 Gr.

B) Das ordinaire Silber. Die Blätter sind dreizöllig und ein Buch, 25 Blätter, wird für 1 Gr. 6 pf. verkauft.

C) Klein Silber. Das Buch enthält 25 zweizöllige Blätter und gilt 1 Gr.

c) Endlich verfertigt der Goldschläger auch kleine silberne Platten, woraus Knöpfe verfertigt werden. Er schmiedet das Silber, verlängert es auf dem Ziehwerk, treibt es mit der Pinne des Hammers breit und schlägt es mit der Bahn glatt. Alsdenn wird es auf einer bleiernen Platte mit einem Stempel zu kleinen viereckigen oder runden Platten,

1 Zoll

1 Zoll im Durchschnitt geschlagen. Das Loth kostet 1 Thlr. 1 Gr.

Anm. Die Eigenschaft des Silbers und Goldes, daß es sich mehr, als alle andre Metalle strecken lässet, ist in der Geschichte der Kunst vorzüglich merkwürdig, und daher hat der Verfasser die bekannten Versuche mit den hiesigen Gold- und Silberblättern wiederholt. Zu diesen Versuchen wählte man 1) die feinsten Blätter, die in Berlin aus gereinigtem Golde geschlagen werden, welche der Goldschläger Feingold nennt. Jedes Blatt war ein Quadrat, dessen Linie 1″6 $\frac{2}{25}$‴ maß (2″3 $\frac{7}{10}$‴ Rheinländisch) und dessen Quadratfläche also 2,″708328 betrug. 21 solcher Blätter wogen 2½ Aß oder $\frac{5}{512}$ Loth. Hiernach würde ein Blatt die Schwere von $\frac{1}{2150,4}$ Loth haben. Wiegt, nach der Bestimmung des Reaumur, ein Cubikfuß Gold 21220 Unzen, so ist die Dicke dieser Blätter $\frac{1}{24717}$ einer Linie, und mit 1 Unze kann man eine Fläche von 116′52″27‴ bedecken. Reaumur hat gefunden, daß man mit eben diesem Gewicht eine Quadratfläche von 146′ belegen kann, und er muß sich daher zu seinem Versuch eines dünnern Goldblatts bedient haben. Seine Abhandlung von der Ziehbarkeit gewisser Materien bestimmt zwar die Dicke dieser Blätter nicht genau, allein der Zusammenhang läßt vermuthen, daß sie ohngefähr $\frac{1}{30000}$‴ dick gewesen sind. Dies vorausgesetzt würde folgen, daß die Deutschen Goldschläger in ihrer Kunst von den Französischen übertroffen werden. 2) Man nahm ferner die feinsten Silberblätter, welche der Goldschläger als kleine Quadrate verkauft, deren Linie 2,″0555 mißt (2′9 $\frac{6}{10}$ Rheinländisch). Das Flächenmaaß jedes Blatts ist also 4″2253. 19 dieser Blätter wogen 5 Aß oder $\frac{5}{256}$ Loth, und 1 Blatt ist daher $\frac{1}{972,8}$ schwer. Man nahm abermals die verschiedene Schwere des Silbers

Silbers nach dem Reaumur an, daß nämlich 1 Cubikfuß 11523 Unzen wiegt. Nach diesem Gewicht würde die Dicke eines Blättchens $\frac{1}{1020}$ einer Linie seyn, und mit einer Unze kann man einen Raum von 82′20″7‴ belegen. Reaumur beschreibt keinen Versuch mit Silberblättern, und daher läßt sich nicht bestimmen, ob hierin die Geschicklichkeit der Deutschen und Französischen Goldschläger übereinstimmt.

E) Zünftigkeit.

a) Die Geschicklichkeit der Goldschläger ist eine freie Kunst.

b) Die Lehrbursche erlernen diese Kunst in 7 Jahren und es kann ihnen auf keinerlei Weise etwas von dieser Zeit erlassen werden.

c) Ihre Gesellen verlassen nur alsdenn ihren Ort, wenn sie von auswärtigen Goldschlägern verschrieben werden. Findet sich ja ein fremder Gesell ein, so geben ihm seine Mitgesellen ein freiwilliges Geschenk.

d) Ein Gesell, der sich setzen will, meldet es bloß bei den Gesellen und ansässigen Goldschlägern.

Anm. Der unächte Goldschläger schlägt aus unächten Metallen den sogenannten Gold- und Silberschaum. Er verfährt hiebei, wie der ächte Goldschläger, er kann aber seine Blätter nicht so dünn strecken. Weil ihre Handgriffe übereinstimmen, so trifft es sich zuweilen, daß die Gesellen der unächten Goldschläger bei denen arbeiten, welche edle Metalle strecken.

Zwei-

Zweiter Abschnitt.

Der Gold- und Silberdrathzieher.

I. Inhalt.

Der Drathzieher presst einen Cylinder von Silber, etwa 1 Fuß lang und $1\frac{1}{2}$ Zoll dick, auf verschiedenen Ziehbänken durch die Löcher einer metallenen Platte, welche beständig enger werden, und verlängert diese Silberstange zu einem fast unglaublich feinen und langen Drath. Einen gleichen Stab von Silber übergoldet er, und dehnt ihn zu der gedachten Länge aus. Den feinen Drath bedeckt demohnerachtet durchgängig die gegebene Vergoldung.

In Berlin reinigt die Fabrik das Silber, schmiedet es und zieht es aus dem Groben. Alsdenn erhält es erst der eigentliche Drathzieher. Um beides deutlich zu beschreiben, soll eins nach dem andern abgesondert erzählt werden.

II. Das Schmelzen und Drathziehen in der Gold- und Silberfabrik.

A) Die Materialien:

a) Silber. Zum Drathziehen ist nur das feinste Silber brauchbar, weil das Kupfer dies Metall spröde macht und seine Ziehbarkeit vermindert. Unterdessen hat doch die Erfahrung

rung gelehrt, daß sich das Silber mit einem kleinen Zusatz von Kupfer am besten verarbeiten läßt. Man rechnet daher beim Schmelzen auf 1 Mark, 15 Loth 14 Gran rein Silber. Das übrige ist Kupfer.

b) Goldblätter zum Vergolden, aus gereinigtem Golde geschlagen, wie der vorige Abschnitt zeigt.

Anm. Das Drathziehen bestätigt vorzüglich die Ziehbarkeit des Silbers und die Theilbarkeit des Goldes. Es wird sich hievon am besten unten ein Beispiel geben lassen, wenn die ganze Verrichtung des Drathziehers schon entwickelt ist.

B) Die Werkzeuge.

a) Der Treibherd ist ein gewöhnlicher Feuerherd, auf welchem 3 runde Löcher ausgemauert sind, die etwa die Tiefe und den Durchschnitt eines Fußes haben. In diesen Löchern steht beim Abtreiben des Silbers der Test. Jedes Loch umgiebt zur Hälfte eine Mauer, in Gestalt eines halben ausgehölten Cylinders. Hiedurch werden die Kohlen über der Muffel zusammen gehalten. Der Test, oder die Capelle, ist ein cylindrisches Gefäß aus Asche verfertigt, welches oben eine Aushölung, beinahe wie eine Schüssel hat. Diese Vertiefung hat etwa 1 Fuß zum grösten Durchmesser und 4 bis 5 Zoll zur grösten Tiefe. Die büchne Asche, woraus sie verfertigt werden,

wird

wird gesiebt, mit heißem Wasser ausgelaugt, mit kaltem Wasser geschlämmt und zusammengeballt getrocknet. Man schlämmt sie alsdenn von neuem, feuchtet sie mit Bier an, und schlägt sie in einer hölzernen Form, welche man die Nonne nennt. Die obere Aushölung wird mit einem andern Holz, dem Mönch, geschlagen. Endlich wird diese Vertiefung mit Beinasche bestreut, und alsdenn nochmals mit dem Mönch getrieben. Man mischt auch wohl Beinasche unter die Holzasche, und die kleinen Teste werden ganz von Beinasche verfertigt, aber große bloß aus Asche von Büchenholz. Beinasche ist ein aus Schaf- oder Rinderfüßen gebranntes Pulver. Die Muffel ist eine hole Töpferarbeit. Sie hat auf der einen Seite eine Oeffnung, damit man das Schmelzen des Silbers im Test sehen kann. Beim Schmelzen setzt man sie über den Test, daß nicht etwas von den Kohlen, welche alsdenn auf der Muffel liegen, in das flüssige Silber fällt. Sie hält zugleich die Hitze zusammen.

b) Eine kleine Schmiedeesse mit den erforderlichen Werkzeugen, Ambos, Hammer und Zangen.

c) Der Einguß Fig. I. ist ein starkes viereckiges Eisen mit einem eisernen Handgriff. In demselben ist eine Vertiefung 1½ Fuß lang und etwa 3 Zoll breit und tief, worin

man

man das geschmolzene Silber gießt. In dieser Absicht ist der Boden der Aushölung etwas schmaler, als die obere Oeffnung, damit das kaltgewordne Silber bequem herausfallen kann.

d) Die Polirbank ist eine gewöhnliche Bank, außer daß auf ihr zwei Hölzer stehen, auf welche man beim Poliren der Vergoldung bequem eine Schmiedezange legen kann.

e) Der Polirkolben Fig. II. ist ein kleines rundes Holz, in dessen Mitte ein Stück Blutstein, wie ein halber Cylinder, befestigt ist. Die vergoldete Stange wird hiemit polirt, und daher ist der Blutstein auf der Stirn etwas ausgehölt, damit er sich genau an die Metallstange anschließt. Statt des Blutsteins bedient man sich auch wohl eines Stahls, aber es ist hiezu nicht so gut, wie jener.

Anm. Der Blutstein führt Eisentheile bei sich, und hat seinen Namen von seiner Farbe. Der feinen und harten Theile wegen wird er vorzüglich zum Poliren der Metalle gebraucht.

f) Die Zieheisen sind aus einer in Deutschland unbekannten Composition verfertigt. Diejenigen, welche nur ein Loch haben, heißen Stöcke Fig. III. und die Silberstange wird durch 38 solcher Stöcke gepresst. Das gröste Loch hat beinahe 2 Zoll im Durchmesser, das kleinste aber einen halben Zoll. Die übrigen Zieheisen haben einige Reihen Löcher

Fig.

Fig. IV., deren Durchmesser beständig um etwas abnimmt. Die Löcher aller Zieheisen sind wie ein Trichter gebohrt, und man stellt sie beim Durchziehen des Draths also, daß die gröste Oeffnung der Lochs auf der Seite steht, wo der Drath hinein geht. Durch diese Einrichtung des Lochs wird der Drath nach und nach dünner gepreßt, und die kleine Oeffnung bestimmt jederzeit die Dicke des Draths. Die eigentlichen Drathzieher besitzen die Geschicklichkeit, die Löcher zu bohren.

b) Die große Ziehbank Fig. V. Ein bretterner Verschlag 1 gehet durch einen Saal, der über 20 Fuß lang seyn muß, damit Raum genug vorhanden sey, die starke Silberstange gehörig auszudehnen. Der Verschlag ist 4 Fuß hoch und 2 bis 3 Fuß breit. Auf diesem Verschlag stehen beinahe in der Mitte 4 starke Hölzer 2. Sie sind nur einige Zoll von einander entfernt. Zwischen diese Hölzer klemmt man einen viereckigen eisernen Ring Fig. VI., in dessen Oeffnung der Stock Fig. III. gestellt wird. Beinahe am Ende des Verschlags sind abermals vier solche Hölzer. Wenn sich die Silberstange in den vordern Hölzern gehörig verlängert hat, so werden diese ausgezogen, und man stellt den Ring mit seinem Stock zwischen die hintersten Hölzer. Am Ende dieses Verschlags befindet sich ein Tretrad 3 an einer senkrecht stehenden Welle. Fig. VII. stellt die obere Fläche des Tretrads vor, mit den Latten, an welche die Arbeiter die Füße setzen, wenn sie das Tretrad bewegen. Gewöhnlich setzen es vier Personen in Bewegung und halten sich bei ihrer Arbeit an zwei Latten 5. Um die Welle des Tretrads windet sich bei der Bewegung ein starkes Seil 4. Die Kraft zu vermehren schlingt man es beim Ziehn um einen Kloben 6, dessen Durchmesser beinahe einen Fuß beträgt. Der Haken, welcher am vordern Ende des Seils sitzt, wird nun in einen starken eisernen Ring 7 auf dem Gestell eingehakt, und einen andern Ring an dem Kloben legt man um die gekrümmte Griffe einer starken Zange 6. Diese Zange ist an die $1\frac{1}{2}$ Fuß lang, und nach Verhältniß stark. Vorn hat sie zwei breite eiserne Kneipen, wodurch die Silberstange 9 beim Ziehn gehalten wird. Der Ring des Klobens drückt die Griffe und hierdurch die Kneipen der Zange fest zusammen. Diese Zange ist besonders Fig. VIII. gezeichnet worden. Am Ende des Verschlags steht ein eiserner Arm, worauf man den starken Drath legt, wenn er schon länger, als das Gestell gezogen ist.

h) Die zweite Ziehbank, oder der Abführungstisch Fig. IX. besteht aus einer Bank 1, worauf die kleinern Theile ruhen. 2. Der Hut ist ein rundes Holz etwa 1 Fuß hoch, welches

welches oben etwas schmaler zusammen läuft, damit man den Drath bequem abnehmen kann. Unten hat er eine starke Scheibe. In der Mitte seiner Grundfläche ist ein Loch gebohrt, und mit Eisen ausgefüttert. Vermittelst dieses Lochs bewegt er sich auf einem eisernen Zapfen, der auf der Bank angeschroben ist. Fig. X. bezeichnet diesen Hut, wenn er von dem Zapfen abgenommen ist. Der Reibung wegen muß Zapfen und Loch stark mit Baumöl beschmiert werden. 3. Die Stockrolle ist eine gewöhnliche starke Rolle, so groß, wie der Huth. Sie bewegt sich gleichfalls auf einem Zapfen. Durch diese Rolle wird das Ganze in Bewegung gesetzt, und der Drath wickelt sich von dem Hut um ihren Umkreis. Deshalb steckt in zwei eisernen Bügeln a auf der Rolle ein rechtwinklichter hölzerner Hebel b, doch so, daß man ihn ausziehen kann. Wenn der Drath noch stark ist, so zieht der Arbeiter den Hebel aus dem Bügel heraus, und vermehrt hierdurch die Kraft. Nach und nach aber verkürzt er den untern Arm des Hebels, wenn der Drath dünner wird, um die Geschwindigkeit zu vermehren. Fig. XI. stellt die Stockrolle besonders vor. Zu der Rolle sowohl, als zum Hut muß man weiches Holz nehmen, damit der Drath nicht beschädigt wird. 4. Zwischen beiden ruht der Stock, ein starkes Holz, oben mit einem Einschnitt. In dieser

Spalte wird das Zieheisen vermittelst einer hölzernen Schraube 5 befestigt.

Anm. In der Fabrik hat man auch eine Maschine, womit man einen Lahn verfertigt, der etwa $1\frac{1}{2}$ Zoll lang und 1 Zoll breit ist. Die Knopfmacher gebrauchen ihn zur Unterlage bei einigen ächten Knöpfen. Sie hat mit der Plättmaschine im nächsten Abschnitt einerlei Einrichtung, außer daß die Stirn der Walzen platt ist.

C) Die Handgriffe:

a) Es ist schon oben gesagt worden, daß zum Drathziehen das feinste Silber erfordert wird. Daher muß das gangbare Silber getrieben oder von allem Kupfer gereinigt werden. Man treibt aber das unreine Silber auf dem Test. Die Größe des Testes richtet sich nach der Vielheit des Silbers, das man reinigen will. Er muß erst in einer Oeffnung des Treibherds völlig heiß werden, und deshalb bedeckt man ihn mit einer Muffel, versperrt die Oeffnung des Tests mit einem Scherben einer alten Muffel, bedeckt die Muffel völlig mit Kohlen und zündet sie an. Denn erst, wenn er glühend ist, wird das Blei in den Test geschüttet. Die Silberarbeiter nehmen wenigstens 2 Pfund Blei zu 1 Mark Silber; allein die Schmelzer haben einen grössern Satz, und richten sich hiebei nach der Vielheit des Kupfers, welches sich im Silber befindet. Sobald das Blei geschmolzen ist, wird das zerbrochene Silber hinzugeschüttet, die Muffel wieder zugesetzt, mit glühenden Kohlen bedeckt, doch wird das Silber zuweilen mit einem eisernen Haken umgerührt. Wenn es Farben spielt und hierauf das Ansehen hat, als wenn sich feine Faden darauf gesetzt hätten, so ist es gut. Andre halten es für rein, wenn es oben Vertiefungen bekommt, als wenn ein Wassertropfen darauf gefallen wäre. Das Blei verraucht zum Theil, das mehreste aber zieht in den Test und nimmt alle fremde Metalle mit sich. Daher kann ein Test nur einmal gebraucht werden.

b) Das gereinigte Silber wird nun in einem Schmelztiegel auf der kleinen Esse geschmolzen. Es hat seinen gehörigen Fluß, wenn es Farben spielt und Blasen wirft. Bekommt es zu viel oder zu wenig Hitze, so wird es spröde und reißt zum öftern, wenn es in kleine Faden gezogen wird. Der Schmelzer gießt es in den eisernen Einguß Fig. I. den er vorher heiß gemacht und mit Talg in seiner Aushölung beschmiert hat. Ist dieses massive Silberstück kalt geworden: so wird es, wie Eisen, in der Esse zu einem langen Silberstab geschmiedet; und dieser wird hernach in einige kleinere Cylinder zertheilt. Die letztern wiegen insgemein 10 bis 14 Mark. Sie werden von neuem geglühet, und eine Spitze daran geschmiedet,

 damit

damit man sie durch die Löcher der großen Zieheisen bequem durchstecken kann. Man legt jeden darauf auf die Polirbank, und schneidet sie glühend mit einem Schneidemesser von dem besten Stahl völlig rund. Endlich werden sie in einen Schraubestock gespannt und befeilt.

e) Die Cylinder, welche in Silberdrath sollen verwandelt werden, übergiebt man nun der grösten Ziehbank. Diejenigen im Gegentheil, aus welchen man Golddrath ziehen will, werden zwar auch durch einige Stöcke gezogen, damit sie völlig rund werden, alsdenn aber werden sie erst vergoldet. Dies Durchziehen nennt der Drathzieher schlichten. Die Blätter, womit vergoldet wird, sind in dem vorigen Abschnitt unter dem Namen Fabrikengold beschrieben worden. Die Stellen, wo man die Vergoldung auftragen will, werden von neuem befeilet; denn es wird jederzeit die Spitze und etwa 1 Zoll am andern Ende der Stange unvergoldet gelassen. An diesen unvergoldeten Theilen ergreift die Zange auf der Ziehbank die Silberstange, und hierdurch würde die Vergoldung beschädigt werden. Nachdem die Vergoldung stark seyn soll, werden viele Goldblätter über einander um die Stange gelegt. Wird die Stange nur mit einfachen Goldblättern bedeckt, so nennt der Drathzieher den Golddrath einringlich. Die

stärk-

stärkste Vergoldung ist insgemein fünfringlich, oder man hat fünf Blätter über einander gelegt. Oft wird auf einem Cylinder eine starke und schwache Vergoldung zugleich angebracht, und zwischen beiden ein kleiner Zwischenraum gelassen. Die Goldblätter müssen mit einer kleinen Zange von Fischbein aufgelegt werden; denn der fettige Schmutz der Hände würde den Zusammenhang mit dem Silber hindern. Ueber diese Goldblätter werden einige Bogen Papier gewickelt und mit Bindfaden dicht bewunden. Der Arbeiter bringt nunmehr die Stange in ein starkes Kohlfeuer, welches er in dieser Absicht mit Mauersteinen umschlossen hat. Sobald die unvergoldete Spitze, welche aus dem Feuer hervorragt, glühend ist, ergreift er die Stange mit einer Schmiedezange, legt sie auf die Polirbank, und schlägt den Ueberrest des Bindfadens und des Papiers mit einem aufgewundenen Seil ab. Um die Vereinigung der erweichten Metalle zu befördern, reibt er die glühende Stange mit der Polirkäule Fig. II. auf allen Seiten. Hat sich etwa auf der Vergoldung eine Luftblase gesetzt, so sticht er sie mit einem Federmesser auf und reibt es mit dem Blutstein. Die Stelle streift sich auf der Ziehbank ab, wenn man diese Sorgfalt unterläßt.

b) Der Schmelzer übergiebt nun die Stange der großen Ziehbank Fig. V. Hier steckt man die Spitze sowol der vergoldeten, als der Silberstangen durch das Loch des grössesten Stocks Fig. III, befestigt sie zwischen den Kneipen der Zange 8, und die Maschine wird, wie oben gezeigt ist, in Bewegung gesetzt. Bei dem ersten Durchziehen verlängert es sich noch nicht 1 Zoll; wenn es aber durch alle 38 Stöcke gepreßt ist, so hat es ohngefähr die Länge von 6 Ellen.

e) Der Abführungstisch Fig. IX. giebt dem Drath schon eine ziemliche Länge. Der starke Drath wird um den Hut 2. gewickelt und die Spitze durch ein Loch des Zieheisens im Stock 4 geführt. Der Arbeiter faßt die Spitze mit der Zange Fig. XII. Um die gebogene Griffe dieser Zange ist ein Seil geschlungen, an welchem vorn ein Querholz gebunden ist. Vermittelst dieses Holzes ziehen vier Arbeiter den Drath, bis er die Stockrolle 3 erreicht. Die Spitze des Draths wird hierauf in einem Loche oben an der Stockrolle befestigt, und die Maschine von den vier Arbeitern durch den Hebel 6. in Bewegung gesetzt. Auf solche Art zieht man den Drath auf dieser Bank durch 12 stets kleinere Löcher, und also in der Fabrik überhaupt durch 50. Bei jedem Durchziehen wird der Drath mit Wachs beschmiert. Die Drathzieher glauben, daß hierdurch der Drath eine höhere Farbe erhält. Es kann seyn, allein die wichtigste Ursach ist wohl, die Reibung der Silberstange mit dem Zieheisen zu mindern.

D) Die

D) Die beschriebenen Bearbeitungen des Drathziehers werden in der Fabrik unter der Aufsicht eines Mannes verrichtet, der das Schmelzen versteht. Die übrigen Arbeiter sind Grobschmiede, und das Drathziehen verrichten Tagelöhner.

III. Der eigentliche Drathzieher.

A) Materialien. Der Drathzieher erhält den Drath von der Fabrik, wenn er etwas weniger als $\frac{1}{4}$ Zoll dick ist.

B) Die Werkzeuge.

a) Die Zieheisen. Fig. IV. Hier ist der Ort, wo diese Eisen etwas näher müssen beschrieben werden, weil der Drathzieher die Kunst versteht, die Löcher zu bohren. Die Fabrik läßt ihre Eisen gleichfalls von ihm bohren.

A) Sie bestehen aus einer Composition, die dem Stahl ähnlich ist, aber im Bruch sieht sie etwas weißer aus. Sie müssen eine doppelte Eigenschaft haben, daß sie sich bohren und mit dem Hammer treiben lassen, ohne in den Löchern scharf zu seyn und zu springen, und daß sie demohnerachtet der Gewalt beim Ziehen wiederstehen. Ihre Länge ist ohngefähr $\frac{1}{2}$ Fuß, ihre Breite 2 Zoll und ihre Dicke 1 Zoll. Dies leztere richtet sich aber nach der Größe der Ziehbank, denn jede hat ihre eigene. Für den

Märker ist ihre Composition bis jetzt noch ein Geheimniß. Er erhält sie aus Lion, Mailand und Nürnberg, und das Stück kostet ihm 5 Rthlr. und drüber.

B) Der Drathzieher bohrt die Löcher in diese Eisen mit der Spitze Fig. XIII. einem Stahl mit einer stumpfen dreikantigen Spitze. Zu jedem Loche werden einige Spitzen erfordert, welche von verschiedener Größe sind, damit das Loch nach und nach größer, und wie oben gesagt ist, trichterartig werde. Die Spitze wird beim Bohren mit einer Schnur an einem Bogen, wie der Drillbohrer bewegt. Der kleinen Oeffnung des gebohrten Lochs benimmt er mit dem Diamant Fig. XIV. die Schärfe, indem er seine Spitze in dem Loche einigemal herum dreht. Diese Spitze des Diamants ist nur von Stahl, und er hat bloß diesen Namen wegen der Aehnlichkeit mit dem Diamant der Glaser erhalten. Endlich polirt er das Loch mit Tripel vermittelst einer hölzernen Spitze, damit die Vergoldung beim Durchziehen nicht beschädigt werde.

Anm. 1) Tripel ist eine scharfe Thonerde, welche der Metallarbeiter zerstößt, und daraus mit Baumöl eine Masse macht, um die Metalle hiemit glatt zu machen. 2) In jedes Zieheisen werden einige Löcher gebohrt, die an Größe beständig abnehmen.

C) Ent-

C) Entsteht beim Ziehen durch die Erhitzung ein unebener Theil oder Ring in den größern Löchern, so wird das Loch von neuem mit der hölzernen Spitze und Tripel polirt. Der Drathzieher endeckt diesen Ring, wenn die Vergoldung an manchen Stellen blasser wird. Ja sie verschiebt sich alsdenn, wenn er sie scharf mit dem Nagel reibt. Erweitert sich aber die kleinere Oeffnung eines Lochs zu sehr, so legt es der Drathzieher auf einen kleinen runden Ambos Fig. XV, und treibt es mit einem Hammer enger zusammen. Er muß aber nicht auf das Loch, sondern nur nebenbei schlagen, und daher richtet er den Schlag des Hammers mit einem Fingerring Fig. XVII, welchen er auf den Daumen steckt. Er bohrt alsdenn das getriebne Loch wieder mit einer kleinern Spitze Fig. XVIII, und benimmt ihm mit dem Diamant die Schärfe. Mit eben diesem Diamant sucht er auch die kleinen Löcher wieder, wenn sie durch das Schlagen unsichtbar werden.

Anm. 1) Die Spitzen der Eisen, womit der Drathzieher bohrt, härtet er selbst, indem er sie in der Flamme eines Lichts glühend macht und im Wasser abkühlt. Vielleicht müssen die aufgelösten Theile des Talgs zum Härten das ihrige beitragen.

2) Der Drathzieher reinigt zwar den Drath, wenn er ihn aus der Fabrik erhält, von allem Wachs, unterdessen setzt sich der Ueberrest doch in den kleinen Löchern. Daher muß

muß man nach dem Durchziehen das Loch vermittelst eines kleinen Holzes mit einer dreikantigen Spitze von dieser Unreinigkeit befreien.

3) Man bedient sich nicht gern der Eisen, wodurch Golddrath gezogen wird, zum Silberdrath. Das letztere kann der Drathzieher schon schärfer angreifen, daher werden die Löcher uneben und beschädigen die Vergoldung. Oft sind in einem Eisen die Löcher der einen Hälfte zum Gold- der andern aber zum Silberdrath bestimmt.

b) Die erste Ziehbank des Drathziehers hat mit der zweiten in der Fabrik Fig. IX. einerlei Einrichtung, nur daß sie etwas kleiner ist.

c) Die zweite Ziehbank oder der Arbeitstisch Fig. XIX. wird auf einem gewöhnlichen Tisch angebracht, und hat folgende Theile: 1. Der eiserne Bogen läßt sich durch eine eiserne Schraube erweitern und zusammenziehn. Die Absicht ist, kleinere und größere Rollen zwischen den Bogen vermittelst der Schraube senkrecht zu stellen. 2. Eine starke hölzerne Scheibe, wie das Rad eines Spinnrads, nur daß sie durchgängig massiv ist. Ihr Durchmesser beträgt 2 Fuß und ihre Dicke 8 bis 10 Zoll. Sie läuft gleichfalls auf einem Zapfen, wie der Hut des Abführungstisches Fig. X. Man bewegt diese Scheibe mit einer Stange 3, die oben und unten einen eisernen Stachel hat. Die eine Spitze wird in ein Loch

an

an der Decke der Stube gesteckt 4, und die andre in ein Loch auf der Scheibe. Es sind aber auf der Scheibe mehrere Löcher, 5. nach der Länge ihres Halbmessers. So wie der Drath nach und nach dünner wird, setzt der Drathzieher die Stange in ein Loch, welches dem Mittelpunkt näher ist. Hiedurch vermehrt er, nach der Dicke seines Draths, Kraft oder Geschwindigkeit. Die Natur des Hebels erklärt dies deutlicher. 6. In der Mitte ruht gleichfalls ein Stock, in dessen obern Einschnitt das Zieheisen befestigt wird. Zur Bewegung dieser Maschine wird nur die Hand eines Menschen erfordert, die vorige aber bewegen 2 bis 3 Personen.

d) Die Wechselzange Fig. XX. und die Spitzzange Fig. XXI. werden zum Durchziehen der Drathspitze durch die Löcher der Zieheisen gebraucht, die Wechselzange auf der ersten Banke die andre aber auf dem Arbeitstische.

e) Das Zängelmaaß, ein Kupferblech. Fig. XXII. zeigt seine Beschaffenheit. Der Drathzieher erfährt durch dies Blech, ob sich der feine Drath auf der zweiten Ziehbank durch ein Loch des Zieheisens gehörig verlängern wird. Er mißt nämlich einen Theil der Drathspitze nach der Länge ef und biegt ihn auf beiden Seiten ein. Alsdenn zieht er den bemerkten Theil durch ein Loch des

Zieheisens; und wenn er nach dem Durchziehen von a bis f reicht, so hat das Loch die gehörige Größe, und er sagt, der Drath habe sich 4 Zängel verlängert.

f) Die Proberinge Fig. XXIII. sind gewöhnliche eiserne Ringe, außer daß die beiden Enden etwas von einander stehen. Der Drathzieher hat so viel Ringe, als es Drathnummern giebt, und die Nummer ist jederzeit auf dem Ringe bemerkt. Die Enden der Ringe stehen weiter oder enger aus einander, nachdem durch einen Ring ein starker oder feiner Drath soll probirt werden. Wenn der Drath nur bequem durch den kleinen Zwischenraum des Ringes fällt, so hat er die Nummer des Ringes.

g) Ein gewöhnliches Spulrad. Fig. XXIV.

C) Die Waaren.

a) Die Waaren selbst. Der Drathzieher verfertigt Gold- und Silberdrath von verschiedener Dicke. Den stärksten Drath nennt er Num. 1. und wenn die Nummer über 6 geht, so zählt er auch nach Brüchen, $6\frac{1}{2}$, 7, $7\frac{1}{2}$ rc. Der feinste Silberdrath ist Num. 11. Der Golddrath wird aber nur bis Num. 10 gezogen, weil in den höhern Nummern die Vergoldung zu schwach seyn würde. Die feinste Claviersaite ist so stark, als die 8 Num. des ächten Draths. Die

folgen-

folgenden Abschnitte werden den Gebrauch des Draths zeigen.

b) Die Handgriffe:

A) Bei der ersten Ziehbank verfährt der Drathzieher, wie bei der zweiten in der Fabrik. Er schlägt zum öftern an den Drath, wenn er sich auf die Stockrolle Fig. IX. 3. gewickelt hat, und hierdurch löset er sich von der Rolle, daß er ihn abnehmen kann. Er wird hierauf wieder um die Stockrolle gewickelt, und auf dieser Bank durch 32 Löcher gezogen. Jedesmahl, wenn er den Drath von der Stockrolle abnimmt, muß er ihn in der kältern Luft schwingen und hierdurch abkühlen, weil ihn die Reibung beim Durchziehen erhitzet. Dies geschieht auch in der Fabrik. Der Silberdrath wird auf dieser Bank geschabt, wenn er etwa wie eine Stricknadel dick ist. Der Drathzieher zieht ihn nämlich zwei bis dreimahl durch ein Loch eines alten Zieheisens, dem er nicht die Schärfe durch den Diamant benommen hat. Hierdurch reinigt er den Drath von allem Schmutz, der vom Glühen im Feuer übrig geblieben ist. In dieser Absicht zerbricht er auch den Golddrath, wenn er eine doppelte Vergoldung hat, um den Silberdrath zu schaben, der aus dem Raum zwischen beiden Vergoldungen entstanden ist.

B) Bei

B Bei dem Arbeitstisch Fig. XIX. wird eine Rolle mit dem Drath in dem Bogen 1 befestigt, und diese wird durch das Zieheisen geführt und um die Scheibe gewickelt. Die Bewegung ist bei der Beschreibung der Maschine gezeigt worden. Von der Scheibe wird der Drath durch das Spulrad Fig. XXIV. wieder auf eine Rolle gewickelt, diese in den Bogen 1 gestellt, und der Drath so lange durchgezogen, bis er die erforderliche Dicke hat. Die Vielheit der Löcher ist hier unbestimmt. Reißt der Drath, so wird er durch einen Kreuzknoten wieder zusammengeknüpft. Es ist aber alsdenn beim Schmelzen versehen, und der Drathzieher leidet hierdurch an seinem Verdienst, weil er beim Durchziehen jeden Knoten auflösen und alsdenn wieder knüpfen muß. Es ist hiebei aber noch folgendes zu bemerken.

a) Der Drathzieher muß den Drath, wenn er fein wird, theilen, weil er wegen seiner Länge beim Durchziehen sich zu stark erhitzen würde.

b) Zuweilen wird der Drath durch das Ziehen spröde. Beim Silberdrath hilft dies der Drathzieher bloß durch glühen auf einem Kohlfeuer ab. Allein beim Golddrath würde hierdurch die Vergoldung Schaden leiden. Er wickelt ihn daher auf eine

Rolle

Rolle von Kupferblech und füllt sie mit glühenden Kohlen. Er muß aber die Rolle unten etwas mit einer Zange aufheben und blasen, damit die Kohlen durchgängig glühen. Sobald aber der Drath blau anläuft, muß die Rolle von den Kohlen abgezogen werden, sonst verzehrt das Feuer die Vergoldung.

Anm. 1) Die Fabrik wiegt dem Drathzieher den groben Drath zu, und er muß eben dies Gewicht wieder liefern. Der Drath leidet sonst keine Verminderung, als daß die Spitze beim Durchziehen durch die kleinen Löcher zuweilen abreißt. Diesen Abgang, nebst dem Verlust beim Schaben des Silberdraths, sammlet der Drathzieher und bringt der Fabrik das vorige Gewicht. Für 1 Mark Num. 8. zu bearbeiten bekommt er 16 Gr. Verkleinert er es aber bis zur 10. Num., so bringt es ihm 2 Rthl. ein.

2) Nunmehro wird eine Erfahrung begreiflich seyn, wodurch sich der Verfasser, in Gesellschaft einiger Freunde, selbst von der vorzüglichen Ziehbarkeit des Silbers überzeugt hat. a) $\frac{1}{16}$ Loth des feinsten Silberdraths Num. 11. maß $144'8''3\frac{1}{3}'''$ ($173'9''\ 7\frac{1}{5}'''$ rheinländisch). 1 Unze hat also eine Länge von $4634'6''6\frac{2}{3}'''$ und 1 Mark von $37077'3''3\frac{1}{3}'''$. In einer Silberstange aber, 10 bis 14 Mark schwer, woraus man in hiesiger Fabrik gewöhnlich den Drath zieht, nimt 1 Mark einen Raum von 1 geometrischen Zoll ein, und ist $1\frac{1}{2}$ Zoll dick. Es scheint beinahe unbegreiflich, daß aus diesem kleinen Silbercylinder $1''$ lang und $1\frac{1}{2}''$ dick ein Drath entsteht, der die gedachte Länge hat, und dessen Durchmesser, ohne merklichen Schaden, nur $\frac{1}{60}'''$ beträgt. Gleichwohl bestä-

 tigt

tigt das erstere die Erfahrung, das letztere aber eine genaue Ausrechnung. Bei der Ausrechnung hat man mit dem Reaumur angenommen, daß ein Cubikfuß Silber 11523 Unzen wiegt. Von diesem feinem Drath verwandelte der Plätter durch die Walzen 2 rheinländische Fuß in einen platten Faden oder Lahn, wie der folgende Abschnitt zeigen wird. Man versuchte es vorher mit einer größern Länge, allein sie zerriß zum öftern und vereitelte den Versuch. Der Lahn war $\frac{5}{8}$ einer geometrischen Linie breit, und die gedachten 2 Fuß hatten sich $1\frac{1}{16}$ Zoll rheinländisch, welches $1\frac{2}{3}$ Zoll geometrisch beträgt, oder um $\frac{1}{22}$ des Ganzen verlängert. Nach der angenommenen Schwere des Silbers ist die Dicke dieses Lahns $\frac{1}{3318}$ einer geometrischen Linie. Welches Auge ist scharf genug, diese Dicke zu bemerken? Es stimmt dies zwar nicht völlig mit den Versuchen des Reaumur überein, allein dieser Französische Gelehrte hat sich ohnstreitig eines stärkern Draths bedienet, ohngefähr Num. 9. oder $9\frac{1}{2}$ des Golddraths. Es ist begreiflich, daß sich ein stärkerer Drath mehr durch die Walzen ausdehnen läßt, und demohnerachtet dicker bleibt. b) Der Verfasser maß gleichfalls $\frac{1}{16}$ Loth des feinsten Golddraths Num. 10. mit der einfachsten Vergoldung bedeckt. Es war 103′7″ lang (oder 124′5″ und etwas drüber rheinländisch). Eine Unze würde also 3318′4″ messen, und 1 Mark 26547′2″. Nach Reaumurs Versuchen hat 1 Mark nur die Länge von 25856′. Hat sich dieser Französische Gelehrte des feinsten Gold draths bedient, das man 1712 verfertigte da er seinen Versuch bekannt machte, so würde folgen, daß die Kunst der Drathzieher seitd wieder gestiegen sey.

Das Dratziehen ist gleichfalls der einleuchtendste Beweis von der Theilbarkeit des Goldes.

Goldes. Allein ein Versuch dieser Art ist mit zu vielen Schwierigkeiten verknüpft. Die wichtigste ist, daß jederzeit, wie oben ist gesagt worden, einige Theile einer Silberstange unvergoldet bleiben. Man kann also nicht genau bestimmen, wie viel Silber mit einer gewissen Schwere des Goldes überzogen sey, wenn nicht der Drathzieher mit der grösten Genauigkeit die unvergoldeten Theile des Draths absonderte. Wie viele Hindernisse würden sich hier zeigen, da man schon mit vielen Beschwerden die den ähnlichen Verrichtungen der Werkstätten erfährt! Reaumur bestimmt durch Versuche und Ausrechnungen, daß die Dicke der schwächsten Vergoldung $\frac{1}{173000}$ einer Linie betrage.

D) Die Zünftigkeit.

a) Beurtheilung. Die Drathzieher sind durch keine geschlossene Geselschaft vereinigt, und zählen sich deshalb zu den Künstlern.

b) Ihre Lehrbursche müssen wenigstens 5 Jahr lernen.

c) Die Gesellen sind nicht zum Wandern verpflichtet. Sollte sich aber ein auswärtiger Gesell einfinden, so bekommt er ein freiwilliges Geschenk.

d) Ein Drathzieher, der sich setzen will, meldet sich bloß bei dem Gereral-Directorium und stellt Caution, damit die Fabrik gesichert sey, wenn er die gegebene

Arbeit verdirbt. Man sieht leicht, daß bei diesen Umständen kein Meisterstück nöthig ist.

Anm. Die Drathzieher, welche geringere Metalle bearbeiten, haben eben die Werkzeuge und Handgriffe, außer daß sie sich der Reibung wegen einiger schmierigen Materien z. E. des Schweinefetts bedienen. Sie können ihre Metalle schon schärfer angreifen, als bei dem Golde und Silber thulich ist.

Dritter Abschnitt.

Der Gold- und Silberdrathplätter und der Spinner.

I. Inhalt.

Den feinen Gold- und Silberdrath verwandelt der Plätter durch die Plättmaschine in Lahn, oder in einen plattgedrückten Faden. Diesen Lahn wickelt er, vermittelst der Spinnmühle um einen seidenen Faden und dies nennet man alsdenn Gold- oder Silberfaden. In Berlin wird beides von einer Person verrichtet, allein der Deutlichkeit wegen soll eins nach dem andern beschrieben werden.

II. Der Plätter.

A) Die Materialien sind, der Gold- und Silberdrath nach allen seinen Nummern, so wie ihn der Drathzieher diesem Professionisten vorgearbeitet hat.

B) Die Werkzeuge.

a) Die Plättmaschine. Fig. I. stellt sie körperlich dar, Fig. II. aber ist ein Durchschnitt des Gehäuses durch die Kurbel. In beiden stimmen die Zahlen überein. Alle

Theile dieser Maschine ruhen auf einer Bank, und in ihrer Mitte ist.

A) Das Gehäuse befestigt. Dies besteht aus zwei starken hölzernen Wänden 1, welche zwei Fuß hoch und $\frac{1}{2}$ Fuß breit sind. Der Zwischenraum zwischen beiden beträgt zwei Zoll. Beide sind oben durch den Kopf 2, einen starken hölzernen Riegel, vereinigt.

a) Diese Wände halten zwei metallene Walzen 3. In der Mitte sind diese Walzen nur von Eisen, aber um dasselbe ist ein stählerner Ring, in der Dicke eines Zolls angenietet. Man hält diese Ringe für eine unbekannte Composition, und daher verstehen die Teutschen noch nicht die Kunst, sie zu verfertigen. Sie kommen anjetzt aus Neufchatel zu uns, vordem aber wurden sie auch in Mailand und zu Schwarzenbrück in Sachsen gemacht. Die Künstler sind aber an diesen Orten mit ihrem Geheimniß ausgestorben. Vielleicht kommt es nur darauf an, sie gehörig zu härten,. damit der Drath nicht einschneide, denn sie haben das völlige Ansehen des Stahls. Zwei Walzen, welche zusammen gehören, kosten 150 bis 250 Thaler.

aa) Die eiserne Welle der untern Walze durchbohrt beide hölzerne Wände, und an derselben steckt vorne der Schwengel 4, oder

oder die Kurbel. Der Durchmesser dieser Walze ist 7 Zoll und ihre Dicke $1\frac{1}{2}$ Zoll.

bb) Die obere Walze hat nur $4\frac{1}{2}$ Zoll zum Durchmesser, damit sie desto leichter von der untern kann bewegt werden. Sie ist aber um einige Linien breiter, als die untere, damit sie desto besser auf der unteren kann gestellt werden. Ihre Axe läuft in keiner Pfanne, sondern sie ruht bloß auf der untern Walze, und die beiden Wände des Gestells hindern, daß sie nicht auf der Seite ausweicht.

cc) Beide sind auf der Stirn nicht eben, sondern nach einem Cirkelbogen gerundet. Fig. II. zeigt diese Rundung der Walzen in a b deutlich. Die Absicht, daß diese beiden Walzen die Gestalt erhalten haben, als wenn sie aus zwei Kugeln geschnitten wären, ist mannigfaltig. Die ganze Kraft wird bei der Bewegung auf einem Punkt eingeschränkt, und hierdurch der Drath mit mehrerm Nachdruck platt gemacht. Ueberdem sind auf dem Drath noch Ueberbleibsel von dem Wachs, womit man ihn in der Fabrik beschmiert. Die Stelle zwischen den Walzen, wo der Drath läuft, wird hierduch bald blind; und dies hindert, daß der feine Drath nicht gehörig platt gedrückt wird. Daher muß dieser Ort oft abgeändert werden. Wahrscheinlich würde auch ohnedem der Drath zu oft an einem Ort laufen und ihn aushöhlen. Allein durch diese Veränderung des Punkts, worin sich die Walzen berühren, kann man den Drath nach und nach auf allen Punkten der Stirn spielen lassen. Der Plätter nennt den Ort, wo sich die Walzen berühren, die Bahn, und er beschmiert die Stirnen der Walzen mit Baumöl, um bei der Bewegung zu bemerken, wo die Bahn geht.

dd. Bei der Abänderung der Bahn, welches der Plätter stellen nennt, bleibt die untere Walze unbeweglich, die obere aber wird auf der einen oder der andern Seite hinab gedrückt. Dies geschieht durch folgende Theile: Die Backen 5 sind schmale zinnerne Platten. welche in beiden Wänden eingefalzet sind, daß sie sich in denselben verschieben lassen. Sie stehen auf der Axe der obern Walze, und man kann diese hiedurch auf jeder Seite niederdrücken. Auf den Backen ruht der Sattel 6, eine eiserne Stange, die auf beiden Seiten um einen Zoll vor den Wänden hervorragt. Auf diesen hervorragenden Theilen ist auf jeder Seite eine Feder, oder ein geschlungenes Eisen gestellt. Vermittelst einer Schraube 8, an dem Kopf des Gestells, über jeder Feder, kann diese zusammengepreßt werden. Will der Plätter den Berührungspunkt der Walzen, oder die Bahn verändern, so läßt er die Schraube auf der Seite, wo bis jetzt die Bahn gegangen,

gangen, etwas nach. Im Gegentheil zieht er die Schraube der Seite an, wohin er die Bahn verlegen will. Die Schraube preßt die Feder zusammen, die Feder drückt auf den Sattel, dieser bewegt die Backen, und da die Backen an beiden Seiten auf der Axe der obern Walze ruhn, so wird sie an derjenigen Seite herab gedrückt, wo man die Schraube angezogen hat. Dies ist das wichtigste dieser Maschine, die Bahn auf alle Punkte der Rundung zu bringen.

b) Auf der rechten Seite des Gehäuses befindet sich der Weiser 9, ein gebogenes Eisen. An seiner Spitze ist ein kleiner Trichter geschmiedet und in der Spitze dieses letztern ist ein Loch, wodurch man nur bequem den feinen Drath durchstecken kann. Diese Spitze steht genau zwischen beiden Walzen, und sein Zweck ist, den Drath durch ihr feines Loch zu ziehen und auf die Bahn zu richten. Der Weiser kann in verschiedene Schraubenmuttern am Boden des Gehäuses angeschroben werden; und wenn die Bahn verändert wird, so ändert man gleichfalls seinen Ort. Das Gehäuse hindert in der Zeichnung, daß man den Trichter nicht sehen kann.

c) Endlich ist hinter dem Gehäuse noch ein Schnurrad 10. Es hat mit der untern Walze eine gemeinschaftliche Welle, und wird daher zugleich mit derselben durch die Kurbel bewegt.

B) Dem Gehäuse zur Rechten ist auf der Bank ein Brett angeschroben 11. Auf demselben sind in der Entfernung eines Fußes zwei kleine hölzerne Säulen 12 befestigt. In jeder Säule bewegt sich eine Schraube, und beide halten eine kleine hölzerne Welle, die Schnecke, welche deshalb auf beiden Enden ausgehöhlt ist, damit sie von den Schrauben kann getragen werden, doch so, daß man sie abnehmen kann. Die Welle hat diesen Nahmen, weil an einer Seite ein kleiner Kegel mit parallelen Reifen gedrechselt ist 13. Durch diese Reifen kann man die Schnur spannen, vermittelst welcher die Schnecke von dem Schnurrade 10 in Bewegung gesetzt wird. Auf dieser Schnecke steckt eine kleine Rolle, worauf sich der geplättete Drath wickelt.

C) Etwas näher an dem Gehäuse steht ein starker eiserner Drath 14, der Haken. Um seine obere Krümmung wickelt man ein Tuch, welches mit Kreide bestrichen ist. Der Plätter leitet den Lahn unter dieses Tuch, damit er von dem Oel der Walzen gereinigt wird.

D) Zur Linken des Gehäuses ruhet der Sporn 15. Er besteht gleichfalls aus zwei kleinen Säulen, aber von Eisen, damit er gehörig

Wider

Widerstand thun kann, wenn die Walzen den Drath von seiner Rolle abwickeln. An die eine Säule ist eine Schraube angebracht, an der andern ist nur, der Schraube gegen über, eine eiserne Spitze. Beide halten auf eben die Art, wie vorher die Schnecke getragen wurde, eine kleine hölzerne Welle, das Spornholz. Auf diesem Spornholz steckt der ungeplättete Drath. Man sieht leicht, daß diese Schraube sowol, als die vorigen beiden in B die Absicht haben, daß man die Wellen, welche sie halten, mit ihren Rollen abnehmen kann.

E) Zwischen dem Sporn und dem Gehäuse steht die Birne 16, ein gedrechseltes Holz, welches seinen Namen von seiner Gestalt erhalten hat. In ihrem obern Ende ist ein Einschnitt, welcher durch eine Schraube kann erweitert und zusammengeschroben werden. In dieser Spalte befindet sich gleichfalls ein Tuch mit Kreide bestrichen. Man läßt den Drath durch dasselbe spielen, und hiedurch wird er von seinem Schmutz gereinigt, welcher sonst die Walzen blind machet.

b) Die Polirkeule Fig. III. ist ein breites Holz hinten mit einem Griff. Ihre breite Seite ist in der Mitte etwas erhöht, damit sie sich gut an die Walzen anschließe. Die Stirn der Walzen muß jederzeit eben und glänzend seyn, weil sie sonst dem Lahn nicht

den

den gehörigen Glanz geben, und daher muß sie der Plätter jederzeit poliren, wenn die Bahn auf allen Punkten ihrer Stirn gewesen ist. Er zerstößt und durchsiebet in dieser Absicht Blutstein, feuchtet ihn mit Wasser an, und tunkt die Polirkeule in diese Masse. Alsdenn hält er die Polirkeule zwischen beide Walzen und bewegt diese mit der Kurbel. Hiedurch werden sie glänzend, wie ein Spiegel. Statt des Blutsteins kann man sich auch der Zinnasche, mit Brandwein flüssig gemacht, bedienen. Das erstere aber ist besser.

Anm. Der Plätter kauft bloß die stählernen Ringe der Walzen, und er läßt das Eisen in ihrer Mitte einsetzen. Sie werden aber nur zusammengenietet, weil bei einer stärkern Zusammenfügung die Ringe springen würden. Scheinet beides hiedurch noch nicht gehörig verknüpft zu seyn, so gießt er in die Ritze zwischen dem Eisen und dem stählernen Ringe Heringslake, und verklebt die Ritzen oben mit Wachs. Dies vereinigt sie völlig. Die Stirn der Ringe ist noch uneben, wenn er sie kauft, und daher muß er sie beschneiden. Er hat zu diesem Zweck ein besonderes Gehäuse, worin er sie legt, mit einem Rade bewegt, und mit trocknem Schmergel, vermittelst der Polirkeule, so wie beim Blutstein, abschleift. Eben dies geschieht auch, wenn sich Rost auf eine Walze setzt.

2) Im Sommer muß man diese Maschine bedecken, wenn nicht gearbeitet wird, damit die Walzen nicht heiß werden, denn dies schadet ihrer Härte, und der Drath schneidet ein. Uebrigens hat der Plätter nicht zu besorgen, daß

daß sich die Walzen bei der Arbeit erhitzen. Der Drath berührt die Walzen nur auf der Bahn, und der Plätter verändert diesen Punkt ohnedem zum öftern. Daher ist die Reibung nur sehr gering, und er kann ohne Gefahr den ganzen Tag mit der größten Geschwindigkeit arbeiten. Nur bei dem stärksten Drath trifft es sich zuweilen, daß er anhalten muß.

C) Die Waaren und Handgriffe.

Der geplättete Drath erhält den Namen des Gold- und Silberlahns. Num. 1 bis 6 verbraucht man vorzüglich zu Lahntressen, Num. 6 bis 11 aber zum Spinnen reicher Faden.

a) Der glatte Lahn wird folgendergestalt verfertiget:

A) Der Plätter stellt eine Rolle mit Gold- oder Silberdrath angefüllt, so wie er sie von der Fabrik erhält, auf die Welle des Sporns 15, und zieht den Drath durch das Tuch der Birn 16. Er steckt ferner die Spitze des Draths durch die kleine vordere Oeffnung des Trichters an dem Weiser 9, nachdem er vorher seine Spitze genau auf die Bahn der Walzen gerichtet hat.

B) Die linke Hand des Künstlers bewegt nun die Kurbel 4, und hiedurch die untere Walze und das Schnurrad 10. Diese Walze schleift die obere gleichfalls herum, denn diese ruhet bloß auf der untern. Bei der

Be-

Bewegung ist die Richtung der untern Walze rechts, und man sieht leicht, daß sich die obere links herum bewegen muß.

C) Durch diese verschiedene Bewegung der Walzen und durch ihren Druck gegen einander wird der Drath, wenn seine Spitze sich der Bahn nähert, von den Walzen ergriffen, durchgezogen und geplättet oder platt gedrückt. Der Drath hatte vorher eine blasse Farbe, allein durch den Druck der glatten Walzen wird er polirt, und bekommt eine hohe Gold- oder Silberfarbe. Der Lahn ist ohngefähr drey bis viermal breiter, als der Drath, woraus er verfertigt ist.

D) Dieser geplättete Faden wird alsdenn unter dem Haken 14 weg zu der Schnecke 13 geführt, und mit Speichel an die kleine Rolle auf dieser Welle angeklebt. Diese Schnecke wird beim Herumdrehen der Kurbel vermittelst des Schnurrads bewegt, und hiedurch der Lahn auf die gedachte kleine Rolle gewickelt. Damit sich aber der Lahn auf der kleinen Rolle allenthalben gleich vertheilen möge, so hält der Plätter den Lahn vor der Rolle mit einem Glase in der rechten Hand. Dies Glas ist vorne etwas breit, damit sich der Lahn nicht abstreift. Es ist gewöhnlich ein Schaft von dem Fuße eines zerbrochnen glatten Weinglases.

b) Der

b) Der Schlangenlahn wird aus Cantille verfertigt, welche aus eisernem Drath Num. 6 oder 7 gewunden ist. Der Plätter zieht die Cantille aus einander und plättet sie, wie den Drath. Der Bortenwirker braucht sie zum Einschlag.

c) Die Spanische Kette plättet man gleichfalls aus Cantillen. Sie wird erst durch weit aus einander gestellte Walzen etwas gequetschet. Alsdenn zieht man sie aus einander, doch so, daß noch Ringel bleiben, die platt neben einander liegen. Nach diesem werden sie auf einer untern Walze geplättet, die in der Mitte der Stirn einen kleinen Reif hat. Die Hälfte der Cantille liegt beim Plätten in dem Reif und wird nicht platt gedruckt, die andere Hälfte aber plätten die Walzen.

Anm. Die hohen Nummern des Draths erhalten durch einmal Plätten schon ihre gehörige Breite; die stärkeren aber müssen wol zwei bis dreimal zwischen die Walzen gebracht werden, und sie werden alsdenn auch dichter zusammengebracht. Soll aber dieser starke Lahn zu Cantille angewandt werden, so wird er auch nur einmal geplättet. Von der Cantille handelt der folgende Abschnitt.

III. Der Spinner.

A) Die Materialien.

a) Gold- und Silberlahn, vorzüglich von der 6 bis 11 Nummer, weil es hier nicht auf die Dicke ankommt, sondern nur, daß die Seide bedeckt wird.

b) Sei-

b) Seide. Sie wird dem Spinner schon gezwirnt und gefärbt von der Fabrik überliefert. Um sie der Farbe des Lahns ziemlich ähnlich zu machen, so giebt man ihr eine dunkelgelbe Farbe, wenn darauf Goldlahn soll gesponnen werden, zu den Silberfaden aber eine weiße.

B) Die Werkzeuge.

a) Die Spinnmühle enthält die ganze Kunst des Spinners, und daher ist es nöthig, sie genau zu beschreiben, so verworren sie auch scheint. Oben auf dieser Maschine sind drei Reihen Rollen über einander, wodurch der Gold- und Silberlahn dergestalt um gezwirnte Seide geschlungen wird, daß er diesen Faden völlig bedeckt. Die Rollen werden durch verschiedene Räder und Schnüre bewegt, und nach diesen drei verschiedenen Theilen ist die Anlage der Beschreibung gemacht. Man hat gesucht, durch vier Zeichnungen diese Maschine deutlich zu machen. In der VI. Fig. ist sie körperlich entworfen. Fig. V. ist ein Aufriß der Rückseite. Fig. VI. stellet die breite Seite im Aufriß dar, welche in der IV. Fig. nur verschoben zu sehen ist. Es soll hiedurch die Bewegung der 16 Schnecken und der 16 Rollen auf der Leiter begreiflich gemacht werden. Zugleich sind hinten alle Räder abgebildet worden, welche aber eigentlich in der Mitte der Maschine liegen, damit sie beisammen in die Augen fallen. Die VII. Fig. ist nur ein Theil der Maschine und zeigt, wie das Lahnrad die Läufer durch eine Schnur bewegt. Die Zeichnung ist aber nur nach einem Modell von vier Läufern verfertigt. Hinter dem Lahnrade ist ein Durchschnitt der großen Schnecke angebracht, mit einem Theil des Seils, welches sich um dieselbe schlingt. Die Zahlen kommen in allen Figuren überein.

Das Gestell, woran alle diese Theile angebracht sind, ist aus starken Latten zusamegesetzt. Seine Länge richtet sich nach der Vielheit der Gänge oder Rollen, welche sich in den gedachten drei Reihen bewegen sollen. Die gegenwärtigen drei ersten Risse sind nach einer Spinnmühle gezeichnet, welche 16 Gänge hat. Bei dieser ist die Länge des Gestells $5\frac{1}{2}$ Fuß, die Breite 3, und die vorderste Höhe $3\frac{1}{2}$ Fuß. Auf der Maschine ist ein dreifacher Absatz um drei Reihen Rollen über einander Raum zu ihrer Bewegung zu geben. Der erste Absatz 1 entsteht aus der Vorderseite. In der Entfernung eines Fußes ist auf dem Gestell eine starke Latte befestigt, und diese macht den zweiten Abschnitt 2. Statt des dritten Abschnitts 3 steht hinten ein Brett, welches etwas über einen Fuß hoch ist. Es ist Zeit, die Theile selbst zu beschreiben.

A) In diesen drei Abschnitten bewegen sich die drei Reihen Rollen, wodurch die Seide übersponnen wird.

a) Die 16 Rollen der obersten Reihe an der hölzernen Wand heißen die Seidenrollen 4. Ihre Länge und Dicke ist drei Zoll und sie sind um einen Zoll von einander entfernt. Jede Rolle (und was von einer dieser drei Reihen Rollen gesagt wird, das gilt von allen) steckt auf einem eisernen Stift, doch so, daß sie beweglich ist. An der Rolle ist nach der Wand zu ein Reif gedrechselt, etwa wie der Reif an den Spulen der bekannten Spinnräder, worauf die Schnur ruht. Man befestigt nahe an der Rolle eine kleine Schnur durch einen Nagel oder Haken, schlingt sie um den Reif der Rolle und wikkelt sie endlich um eine Schraube 5. Durch diese Schraube kann man alsdenn die Rolle nach Willkühr spannen. Ueberdem wird die Seide auf diese Rollen vermittelst eines Spulrades gewickelt, und daher muß man sie abnehmen können. Gerade unter diesen Rollen halten vier gedrechselte kleine Säulen 6 eine Glasröhre. In der Zeichnung wird die Röhre von dem zweiten Abschnitte gedeckt. Diese Röhre ist so lang, als das ganze Gestell; denn die Seide von allen 16 Seidenrollen wird unter ihr weg zu der zweiten

Art

Art der Rollen geleitet. Man hat hiezu ein Glas, wegen seiner Glätte gewählet, damit sich die scharfgespannte Seide nicht abreibe.

b) Die zweite Reihe der Rollen, die Läufer 7, stecken an der vordern Seite der Latte, wodurch der zweite Abschnitt entsteht. Ein jeder Läufer ist genau unter seiner Seidenrolle angebracht. Der Läufer besteht aber aus einer hölzernen Scheibe, etwa einen Zoll im Durchmesser a. (Fig. VI. 7.) An dieser Scheibe ist vorne eine kleine hohle Röhre und hinten ein Reif b, worauf bei der Bewegung eine Schnur gelegt wird. Der durchbohrte Läufer steckt auf einem eisernen Stift, welcher gleichfalls hohl ist, doch so, daß er auf dieser eisernen Röhre herumlaufen kann. Allein der Stift ist etwas länger, als der Läufer, und dieser längere Theil wird in ein Loch der Latte gesteckt. Er ist bloß mit einer Schraube oben in der Latte a fest geschroben, damit man ihn mit dem Läufer bei einer Beschädigung abnehmen kann. Auf der vordern hölzernen Röhre des Läufers sitzt eine kleine Rolle e mit Lahn angefüllt. Sie hat gleichfalls hinten einen Reif, und um denselben schlingt man eine Schnur, und hält diese Lahnrolle, vermittelst der Schraube f, wie oben die Seidenrollen, damit sie bei der Bewegung nicht von dem Läufer abfällt. Oben an der

Scheibe des Läufers ist ein Drath befestigt, welcher eine kleine Rolle hält, die nur etwas vor der Lahnrolle hervorragt. Diese kleine Rolle richtet den Lahn auf den seidenen Faden, wenn ihn der Läufer bei der Bewegung um die Seide wickelt. Endlich ist jederzeit zwischen vier und vier Läufern ein kleiner hölzerner Schieber in der Latte eingefalzt, um durch eine kleine Rolle 8 unten an demselben die Schnur, wodurch die Läufer bewegt werden, zu spannen. Den Schieber hält eine Schraube hinter der Latte, die aber in diesen Zeichnungen nicht hat angebracht werden können. In der VII. Figur ist der Schieber mit seiner Rolle 8 deutlich gezeichnet. Weil aber das Modell klein ist, wonach man diese Zeichnung entworfen hat, so ist jederzeit zwischen zwei Läufern eine solche Rolle befestigt. Bei andern Maschinen wird der Schieber von einer Feder, wie bei den Gehäusen der Taschenuhren, gehalten.

c) Auf der Kante des niedrigsten Abschnitts ruhet abermals eine Glasröhre 9, der oben gedachten Ursache wegen. Sie hat gleichfalls die Länge des ganzen Gestells. Unter diesem Glase ist an der vordern Seite der Maschine ein Brett angenagelt, worinn 16 Einschnitte gemacht sind. Der Spinner nennt sie Gänge. Die obern Läufer und Seidenrollen bestimmen den Ort dieser Einschnitte, denn alle drei stehen in einer Linie

unter

unter einander. In jedem Loch dieses Bretts läuft eine Rolle 10, welche der Künstler eine Spule der Gänge nennt. Alle 16 aber zusammengenommen heißen bei ihm die Leiter. Eine solche Rolle hat auf jeder Seite einen Reif, damit man eine Schnur um sie führen kann; und sie ruht mit ihrer kleinen eisernen Axe in einer Pfanne, welche oben offen ist, daß man die Rolle abnehmen kann. Ueber jeder Rolle sind einige Löcher 11 gebohrt; und man nöthigt hiedurch die besponnenen Fäden mit einem Stift, sich an allen Orten der Rollen gleich aufzuwickeln. Statt dieser Löcher mit dem Stift ist an andern Maschinen bequemer eine kleine Röhre angebracht, auf welcher Reifen gedrechselt sind.

B) Zur Bewegung der drei Reihen Rollen werden folgende Räder erfordert:

a) An der eisernen Welle, worauf vorn eine Kurbel oder Schwengel 13 steckt, läuft hinter dem Gestell das große Schneckenrad 12. Es hat $3\frac{1}{2}$ Fuß im Durchmesser. Eben diese eiserne Welle hält in der Mitte des Gestells, zwischen dem großen Schnurrad und der Kurbel,

b) die große Schnecke 14. Sie hat die Gestalt eines abgekürzten Kegels, und ihre Länge und gröste Dicke beträgt 1 Fuß. Auf der ganzen Seitenfläche der Schnecke sind

Reifen gedrechselt, welche aber nicht schraubenartig, wie die Benennung anzuzeigen scheint, sondern parallel laufen. Durch diese Reifen spannt man ein Seil, welches um die Schnecke geschlungen wird. Dies Seil bewegt.

c) das kleine Schneckenrad 15. An der vordern Seite des Gestells liegt unter der Leiter eine zweite Welle, so lang, als das ganze Gestell, und auf dieser Welle steckt an der rechten Seite das gedachte kleine Schneckenrad. Sein Durchmesser beträgt 2 Fuß. Wenn dies Rad die Welle bewegt, so werden zugleich 16 kleine Schnekken in Bewegung gesetzt, die in einer Reihe auf der Welle angebracht sind. Sie sind etwa einen halben Fuß lang und dick, und haben übrigens, aus der obgedachten Ursach, mit der großen Schnecke einerlei Einrichtung. Jede Schnecke steht gerade unter einer Rolle auf der Leiter, denn sie bewegen vermittelst einer Schnur diese Spulen.

d) Mit dem großen Schneckenrade (12) ist ein kleineres Rad 16, gerade unter demselben, durch eine Schnur verknüpft.

e) Das Zahnrad 17 liegt in der Mitte des Gestells unter der großen Schnecke, und hat mit dem vorher gedachten kleinen Rade (16) eine gemeinschaftliche Welle. Es hat diesen

Ra-

Namen von seiner Bestimmung erhalten, weil es durch eine Schnur die Läufer (7) in Bewegung setzt, worauf die Lahnrollen stecken. In dieser Absicht sind auf seiner Stirn 4 Reifen, um diese Schnur viermal um dasselbe zu wickeln. Sein Durchmesser ist 2 Fuß.

C) Die sämmtlichen Rollen und Räder sind durch nachstehende Seile und Schnüre vereinigt:

a) An der Rückseite ist ein eisernes Sperrad 18, zur Rechten, wenn man nämlich vor der Maschine steht. Seine Welle durchbohrt die Latte, und es steckt an derselben in dem Innern der Maschine eine kleine Rolle 19. Eine zweite Rolle 20 sitzt hinter dem Lahnrade genau unter der großen Schnecke (14 Fig. VII.). An der ersten Rolle befestigt man eine Schnur 21 und leitet sie unter die zweite Rolle. Die Schnur hält einen Kloben 22, um welchen ein ziemlich starkes Seil gehet, dessen beide Enden man hernach zweimal um die große Schnecke (14) schlingt. Diese beiden Enden werden hierauf nach der rechten Seite des Gestells zu zwei Rollen 24 geleitet, welche dicht neben einander liegen. Hier verändert das Seil seine Richtung und geht hinab nach zwei andern Rollen 25, unten an der breiten Seite des Gestells. Von hier werden

 bei-

beide Enden zu dem kleinen Schneckenrad geführt und zusammengenähet. Bei andern Maschinen ist die Richtung des Seils etwas abgeändert, diese aber ist bequemer.

Anm. Die Richtung dieses Seils bei den obern Rollen 24 macht die VII. Fig. begreiflich. Verknüpft man in Gedanken die abgerissenen Enden des Seils in 24 mit der IV. und VI. Fig. 24. 25, so findet das Auge in der Zeichnung die gedoppelte Richtung.

b) Um jede der 16 Schnecken und um den Reif derjenigen Rolle auf der Leiter, (15. 10) die gerade über ihr liegt, ist eine Schnur geschlungen. Fig. VI. 26. stellt eine solche Schnur vor, und 16 solche Schnüre sind um alle 16 Schnecken und Rollen gelegt. Die vordere Säule und das kleine Schneckenrad hindern aber, daß diese Umschlingung nicht völlig zu sehen ist. Jede Schnur geht um 2 Rollen eines hölzernen Arms 27, an welchem hinten eine zweite Schnur mit einem Stein 29 geknüpft ist, wodurch die erste angezogen wird. Fig. V. 28. sind kleine Rollen auf einer Latte, worauf diese Schnur mit dem Stein ruht. Es wäre leicht, hier einen kürzern Mechanismus anzubringen.

c) Endlich müssen die Läufer in Bewegung gesetzt werden, und hiezu ist die Schnur des Lahnrades bestimmt. Fig. VII. 30. Es ist schon oben gesagt, daß auf der Stirn

des

des Lahnrades vier Reifen sind. Die Schnur wird um den ersten Reif des Lahnrads geschlungen, über zwei Läufer weg zu der untern Rolle 8 geführt, von dieser abermals über zwei Läufer geleitet und kehrt alsdenn zu dem zweiten Reif des Lahnrads zurück. Auf eben die Art leitet man sie über die übrigen zwölf Läufer. In der Zeichnung Fig. VII. sind nur vier Läufer und daher lenkt sich die Schnur schon von einem Läufer zu der untern Rolle.

D) Es wird nun der Deutlichkeit wegen gut seyn, die ganze Bewegung kurz zu übersehen. Die Kurbel 13 bewegt die ganze Maschine durch die große Schnecke 14 und durch das große Schneckenrad 12. a). Die große Schnecke 14 zieht, vermittelst des starken Seils 23, das kleine Schneckenrad 15, und zugleich die 16 kleinen Schnecken. Durch 16 Schnüre 26, welche um die 16 Schnecken und zugleich um die 16 Rollen auf der Leiter 10 geschlungen sind, bewegen sich diese Rollen zugleich mit den Schnecken. b) Das große Schneckenrad 12 setzt durch eine Schnur das kleine Rad 16 in Bewegung und zugleich das Lahnrad 17. Durch die Schnur dieses letztern 30 werden die 16 Läufer 7 bewegt. c) Die Seidenrollen 4 zieht bloß die Seide, wenn sie sich besponnen auf die Rollen der Leiter 10 wickelt.

Anm. Diese Maschine ist erst zu Anfang dieses Jahrhunderts erfunden worden. Vorher bediente man sich einer Handspille, den Lahn um die Seide zu wickeln. Eine solche Maschine kostet ohngefähr 50 Rthlr.

b) Ein gewöhnliches Spulrad zum Wickeln der Seide.

C) Die Waaren:

a) Die Waaren selbst. Der übersponnene Faden heißt nun Gespinnst oder Gold- und Silberfaden, und wird von dem Bortenwirker, Sticker und Knopfmacher zu verschiedenen kostbaren Waaren verbraucht. 1 Pfund Silberfaden kostet 24 bis 30 Thlr. nachdem er reich ist. Der Goldfaden aber wird im Durchschnitt für 40 Thlr. verkauft. Man unterscheidet aber drei Arten dieser gesponnenen Faden.

A) Dicht nennt man sie, wenn der Lahn die Seide völlig bedeckt.

B) Kern heißt, wenn die Seide noch etwas unter dem Lahn vorscheint.

C) Fadenscheid aber ist, wenn die Lahnringel um die ganze Breite des Lahns von einander abstehen.

b) Die Handgriffe:

A) Die Seide, welche soll mit Lahn besponnen werden, wird zuerst vermittelst des Spulrads auf die Seidenrollen 4 gewickelt, und

und bei dieser Gelegenheit von allen groben Fasen mit einem Federmesser gereinigt.

B) Die Rolle wird alsdenn wieder an ihren Ort befestigt, und man leitet ihre Seide unter die Glasröhre 6 Fig. IV. weg, zu dem Läufer 7. Man zieht die Seide durch seine hohle eiserne Röhre mit einem kleinen Haken von Eisendrath. Von hier wird die Seide über die zweite Glasröhre c, zu der Rolle auf der Leiter 10 geführt. Endlich leitet man den Lahn auf die kleine Rolle d. und wickelt ihn einigemal um die Seide. Er befestigt sich hernach beim Drehen selbst. Eben dies wiederholt man bei allen übrigen Gängen.

C) Das wichtigste beim Spinnen ist, die Maschine zu stellen, und hierinn besteht die ganze Geschicklichkeit des Spinners. Es geschieht dies bei den Seidenrollen durch die Schnur an der kleinen Schraube 5. Bei den Läufern durch die untern Rollen 8. Bei den Rollen der Leiter durch die Reifen der 16 kleinen Schnecken; und endlich wird das große Seil 23 theils durch die Reifen der großen Schnecke 14, vorzüglich aber durch das Sperrad 18 scharf, oder schlaff angezogen.

Anm. Nachdem die Seide reich soll besponnen werden, wird hiezu viel Lahn erfordert. Mit 1 Loth Lahn kann man ½ Loth Seide,

Seide, aber auch 5 bis $\frac{7}{8}$ ja ein ganzes Loth bedecken. Je reicher der Faden seyn soll, desto langsamer muß sich die Maschine bewegen, und desto schärfer werden daher die Schnüre gespannt. Vorzüglich geschieht dies durch die Reifen auf den 16 kleinen Schnekken 15, wodurch die drei Arten des Gespinstes entstehen. Man sieht auch leicht, daß der stärkere Lahn einen vollwichtigern Faden giebt.

D) Gewöhnlich bewegt nun die Hand eines Frauenzimmers die Kurbel. Die Seide wird, ohne ihr Bemühen, besponnen, außer daß sie den Stift über den Rollen auf der Leiter stets weiter stecken muß 11. Hiedurch wird der besponnene Faden weiter fortgeschoben, damit er sich auf den Rollen 10 gleich vertheile. Bei jedem Mark verdient sie 4 bis 6 Groschen, nachdem der Faden stark mit Lahn bedeckt ist.

Anm. 1) Die Maschine bewegt sich nur ganz langsam. Bei einer geschwindern Bewegung würden die feinen Fäden reißen, und man ließe dem Lahn nicht Zeit, die Seide gehörig zu bedecken.

2) Der Spinner bekommt für eine Mark zu plätten und zu spinnen wenigstens 1 Thlr. 12 Gr.

D) Zünftigkeit des Plätters und Spinners.

a) Beurtheilung. Diese Profession ist bis jetzt wie der Drathzieher, noch nicht zünftig. Beide waren ohnstreitig in Teutschland noch nicht bekannt, da die Obrigkeit den Handwerkern

werkern Gesetze vorschrieb. Der Plätter rechnet sich daher gleichfalls zu den Künstlern.

b) Ihre Lehrbursche lernen 6 Jahr, wenn sie zu ihrem Lehrherrn weiter nichts, als ein Bette bringen. Mit 40 bis 50 Thlr. aber können sie sich auch das sechste Jahr abkaufen.

c) Die Gesellen wandern gewöhnlich, und es wird ihnen von den Plättern und ihren Gesellen ein freiwilliges Geschenk gereicht.

d) Wenn sie sich niederlassen wollen, so melden sie sich bloß bei dem Directorium und stellen Caution. In den Preußischen Landen findet man diese Professionisten nur bei den Goldfabriken in Berlin und Breslau, und der Drath wird ihnen von der Fabrik zugewogen. In Wien und an andern Orten Teutschlands ist Drathzieher, Plätter und Spinner in einer Person vereinigt, welche zu ihrem eigenen Nutzen eine kleine Fabrik unterhält.

Vierter Abschnitt.

Der Sticker.

A) Inhalt. Der Sticker entwirft auf Tuch oder auf seidenen und leinenen Zeugen eine Zeichnung und füllt sie mit reichen Fäden, Seide und Kameelgarn aus. Er erhöht die Pracht seiner Arbeit auch mit Cantille und Flittern, und daher ist hier der bequemste Ort, die Verfertigung dieser Dinge einzuschalten.

B) Die Materialien.

a) Gold- und Silberlahn, vorzüglich der stärkere von Num. 1 bis 5.

b) Gold- und Silberfäden von verschiedener Dicke, nachdem die Stickerarbeit reich seyn soll. Der Lahn muß aber auf diesen Fäden vorzüglich fest gesponnen seyn, wenn ihn der Sticker brauchen soll, damit er sich beim Nähen nicht abstreift.

c) Seide und Kameelgarn zur schlechten Stickerarbeit und andere bekannte Materialien zum Nähen.

d) Cantille ist ein Silber- und Golddrath oder Lahn, welches sich, wie kleine Schraubengänge, schlängelt. Der Sticker nennt diejenigen massiv,

massiv, welche aus Drath gemacht sind. Beide Arten werden auf einem gewöhnlichen Spulrad folgendergestalt verfertiget: In den Mittelpunkt der kleinen Rolle, woran sich sonst die Spule bewegt, wird statt der Spule ein eiserner Drath befestigt. (S. Fig. XXIV. 1. Platte des Drathziehers.) Dieser Drath ist feiner oder stärker, nachdem die Cantille starke Ringel haben soll, so wie auch der Lahn oder Drath, woraus man Cantille machen will, von verschiedener Dicke seyn kann. An der Spitze des eisernen Draths wird der Gold- oder Silberdrath oder Lahn mit Wachs angeklebt, und alsdenn das Spulrad in Bewegung gesetzt. Mit der kleinen Rolle bewegt sich zugleich der eiserne Drath, und der Arbeiter hält mit der linken Hand den Drath, den er in Cantille verwandeln will, daß er sich dicht neben einander auf den eisernen Drath aufwickelt. Wenn sich schon einige Drathringel auf den eisernen Drath gewickelt haben, so befestigt er sie mit einer kleinen hölzernen Klammer. Sobald der Drath mit Cantille bedeckt ist, nimmt man die kleine Klammer ab, und die Cantille läuft von sich selbst von dem Drath. Man wickelt hierauf die verfertigte Arbeit auf eine Rolle, und setzt diese Beschäftigung so lange fort, bis die Cantille die erforderliche Länge hat. Es werden runde und dreikantige Cantillen verfertigt, von Num. 1 bis 10.

Die

Die erstern werden auf einen runden, die letztern auf einen dreikantigen Drath gesponnen.

e) Flittern oder platte und runde Ringe aus Silber- oder Golddrath und aus andern Metallen verfertigt. Sie haben in der Mitte eine runde Oeffnung, und ihr ganzer Durchmesser beträgt nur einige Striche. In Berlin sind keine besondre Flitterschläger, aber wol in Nürnberg, und daher soll das Schlagen dieser Ringe hier kurz nach der gewöhnlichen Tabelle eingerückt werden.

A) Materialien. Gold- oder Silberdrath und von andern unedlen Metallen, vorzüglich aber von Messing. Die Dicke dieses Draths richtet sich nach der Größe, welche der Flitter erhalten soll.

B) Werkzeuge:

a) Eine starke Schere, die Drathringel zu zerschneiden.

b) Ein achteckiger Ambos, nur einige Zoll ins Gevierte. Fig. VIII. auf der Platte des Bortenwirkers. Seine eiserne Spitze steckt in einem starken Kloß, und seine Bahn ist mit dem feinsten Englischen Stahl verstählt. Die Flittern werden auf ihm geschlagen; daher muß seine stählerne Oberfläche stets glatt, wie ein Spiegel seyn. Sobald sie nur in etwas blind wird, feilt man sie mit der Schlichtfeile, einer feinen stäh-

stählernen Feile ab, und polirt sie mit Schmergel. Hernach wird sie mit zerstoßenem Blutstein, der mit Brandwein angefeuchtet ist, vermittelst eines leinenen Tuchs abgerieben. Dies letztere wird jederzeit wiederholt, wenn die Bahn nur in etwas anläuft.

c) Ein starker eiserner Stempel, 3 bis 4 Zoll hoch und 1 Zoll dick, Fig. XI. welcher gleichfalls auf dem Ende, welches man auf die Flitter setzt, mit dem feinsten Stahl verstählt ist. Diese stählerne Fläche wird, wie der Ambos, polirt. Die Flittern, werden hiemit auf dem Ambos platt geschlagen.

Anm. Man hat auch eine Maschine zum Fliterschlagen, allein sie hat den Fehler, daß die Flittern, welche hiemit verfertigt werden, nicht durchgängig eine gleiche Dicke erhalten.

d) Eine kleine Zange, womit der Flitterschläger kleine Drathringel auf den Ambos legt, und, wenn sie zu Flittern geschlagen sind, wieder abnimmt.

C) Die Handgriffe:

a) Der Flitterschläger reibt den Drath, wovon er Flittern schlagen will, mit grauem Löschpapier. Die Erfahrung hat ihn gelehrt, daß der Flitter nicht glänzend wird, wenn er dies Abreiben unterläßt. Alsdenn wickelt er den Gold- oder Silberdrath um einen eisernen Drath, dergestalt, daß ein Ringel neben dem andern liegt. Der eiserne Drath kann stark oder schwach seyn, nachdem der Flitter groß werden soll. Dieser umschlungene Drath wird hierauf wieder aus dem gewundenen Gold- oder Silberdrath gezogen, und die Ringel des letztern werden mit der starken Schere (B. a) zerschnitten. Der Flitterschläger muß aber hiebei sehr genau verfahren, daß beide Enden des Ringels dicht an einander schließen. Die Ringel läßt er beim Schneiden in eine Schachtel fallen. Einige verstehen auch die Kunst, mit einer feinen stählernen scharfen Klinge, welche sie in den Drath stecken, diesen geschlungenen Drath mit einem Zuge in Ringel zu verwandeln.

b) Mit der feinen Zange (B. d) faßt er nun einige Ringe, legt sie auf den Ambos Fig. VIII., stößt einen nach dem andern, oder auch einige zugleich mit der gedachten feinen Zange unter den Stempel Fig. IX. und schlägt auf ihn mit einem starken Hammer. Durch einen einzigen Schlag muß der Drathring platt geschlagen und zugleich polirt werden. Der Flitter ist brauchbar, wenn seine beiden Enden nicht von einander abstehen, wenn er auf seinem platten Kreis weiter kein Loch, als seine mittlere Oeffnung hat, und wenn das Metall allenthalben gleich dick ist. Bleibt aber ein Zwischenraum

raum zwischen den beiden Enden des geschlagenen Flitters, so kann ihn der Sticker nicht gehörig befestigen, und hat er einen Bruch oder eine ungleiche Dicke, so schadet dies seinem Ansehen. Dergleichen beschädigte Flittern werden wieder eingeschmolzen.

c) In unserer Gegend werden keine andere, als runde und platte Flittern geschlagen; allein in Nürnberg giebt man ihnen auch verschiedene Figuren, z. E. eines Sterns, einer Rose. Sie werden zuerst platt geschlagen, und alsdenn bringt man sie unter einen Stempel, worinn die verlangte Figur gestochen ist. Diese sind insgemein unächt, und werden zu verschiedenen Kleinigkeiten der Nürnberger verbraucht. Die Sticker selbst machen sich aber wohl in Berlin die Flittern auf eben die Art bunt.

Anm. Eine Person kann täglich ohngefähr 1 Loth verfertigen, wenn sie den Drath nicht windet und zerschneidet. Das Arbeitslohn für 1 Loth ist 16 Gr. Mit den wenigen Silberflittern, welche in Berlin verfertigt werden, besetzt man die Schleifen auf der Montur der Officiere bei dem ersten Bataillon der Preußischen Garde. Doch verbraucht auch der Sticker einige wenige zu andern Arbeiten.

D) Zünftigkeit. In Nürnberg ist es ein bekanntes, aber gesperrtes Handwerk. Daher besitzen in Berlin nur zwei Personen diese Geschicklichkeit, welche es aber auch nur als eine Nebensache betrachten. Sie haben diese Kunst von einem Nürnbergischen Frauenzimmer, nach ihrer Aussage, für ein ansehnlich Geschenk erlernt. Man wird leicht errathen, daß diese Personen gleichfalls sehr geheimnißvoll mit ihrer Kunst sind. Ihr ganzes Geheimniß aber scheint in kleinen Handgriffen zu bestehen, daß die Enden der Flittern genau zusammenstoßen, und daß sie durchgängig gleich stark sind.

C) Werkzeuge der Sticker.

a) Rahmen von verschiedener Größe, wie sie gewöhnlich beim Ausnähen gebraucht werden, um die Zeuge auszuspannen. Bei einigen ist eine Leiste beweglich, und kann mit hölzernen Nägeln in einigen Löchern, welche in zwei andern Leisten gebohrt sind, befestigt werden, um die Rahmen breiter zu machen. Andere haben statt der einen Leiste eine hölzerne Rolle, worauf die Zeuge gewikkelt werden, wenn sie länger, als der Rahm sind. Die Welle wird durch ein hölzernes Sperrad befestigt.

b) Die bekannten Instrumente zum Zeichnen und zum Nähen. Ihre Schwabacher Nähnadeln müssen ein großes Oehr haben, damit sich die reichen Fäden bequem durchziehen lassen.

D) Die

D) Die Waaren.

a) Die **Waaren selbst:** diese sind mannigfaltig, Kleidungsstücke, die Sterne der Ordenspersonen auf den Kleidern, die Taschen der Officiere und der gemeinen Husaren, Schabracken u. a. m.

b) Die Handgriffe:

A) Die eigentliche Beschäftigung des Stickers ist, Zeichnungen (Desseins) auf den Zeugen, worauf soll gestickt werden, zu entwerfen, denn das Nähen verrichten insgemein Frauenzimmer; daher muß er im Zeichnen eine vorzügliche Fertigkeit besitzen. Es ist aber hier nicht der Ort, von dieser Geschicklichkeit zu reden. Er nähet zuerst an den Seiten der Zeuge Leinewand oder Band an, und spannt die Zeuge hieran, vermittelst Bindfaden in den Rahmen aus. Seinen Riß verfertigt er zuvor auf Papier, und durchsticht die Züge desselben mit einer Nadel. Hierauf legt er sein Muster auf das Zeug, und trägt es auf demselben durch zerstoßene Kreide auf. Diese matten Züge macht er bei rothen Zeugen durch Bleiweiß und Gummi kenntbar, bei jedem andern Zeuge aber mit Dinte oder andern schwarzen Wasserfarben.

B) Aus der verschiedenen Ausfüllung dieser Zeichnungen entstehen nun zwei Arten der Stickerarbeit.

a) Die erhobene Arbeit, z. E. wie auf den Husarentaschen. Bei dieser Arbeit wird zuerst ein Grund von Zwirn gemacht, indem man die Figuren dergestalt nach der Länge übersticht, daß ein Faden genau neben dem andern liegt. Der Sticker nennt dies verheften. Dieser Grund wird nun mit reichen Fäden nach der Breite belegt, daß der Zwirn völlig bedeckt ist. Der Sticker erleichtert sich das Auflegen der Fäden, indem er sie mit der Spalte eines kleinen gedrechselten Stocks festhält. Jeder aufgelegte Faden wird fein mit Seide überstochen und hiedurch befestigt. Die Fäden, welche auf den Zwirn gelegt sind, können verschieden gewählt werden, und hieraus entstehen neue Benennungen der Stickerarbeit: 1) bloß mit Lahn; 2) mit Gold- oder Silberfäden. Dies hat aber einen etwas mattern Glanz, als das vorige. Beides heißt gesprengte Arbeit. 3) Mit Cantille, und dies nennt der Sticker massive Arbeit. Alle diese Arten haben dieses mit einander gemein, daß die reichen Fäden nicht durch das Zeug gestochen werden, und daß um den ganzen Umkreis der verfertigten Figur, nach Beschaffenheit der Arbeit, eine feine Gold- oder Silberschnur gesetzt wird. Der Sticker verbirgt hiedurch die Enden der reichen Fäden. Dies nennt er Profel der Profil. Ein Bei-

spiel

spiel mag der gestickte Stern des schwarzen Adlerordens seyn. Der Sticker zeichnet zuerst den Stern mit seinen Flammen auf dem Kleide, und macht in der Mitte einen Kreis, worinn der Adler angebracht wird. Alsdenn werden die Zwirnfäden, nach der Länge der Spitzen, bis an den Kreis gezogen, jede Spitze nach der Breite mit Silberlahn bedeckt, und um den ganzen Umkreis die Profilschnur angenäht. Der schwarze Adler wird in dem Kreis mit langen Stichen gestickt, wie beinahe jedem Frauenzimmer bekannt ist.

b) Die platte Arbeit ist von der vorigen hierin unterschieden, daß kein Grund genähet wird, und daß die Fäden durch das Zeug gezogen werden. Das Erste ist gleichfalls, daß der Sticker einen Riß verfertigt. Alsdenn werden 1) die kleinen Theile der Figuren mit langen Stichen nach der Breite benäht. Der Sticker nennt dies schlechthin stechen. 2) Die größern Theile aber z. B. eine Raute, die Mitte einer Rose, werden mit einer doppelten Bedeckung ausgefüllt, um den Glanz der Arbeit zu erhöhen. Dies erhält den Namen der gesprengten Arbeit. Er übernähet nämlich erst diesen Theil nach der Breite mit Silber- oder Goldlahn, wie es die Arbeit mit sich bringt, und über demselben zieht er nach der Länge, oder kreuzweise hin und wieder einige Silber- oder Goldfäden, oder Camille. Z. B. die Schleifen auf der Montur der Officiere sind insgemein nur gestochen.

C) Sowol die erhobene als platte Arbeit putzt der Sticker mit Flittern und Cantille aus, so wie es nach seiner Zeichnung oder Einbildungskraft schicklich ist. Zu viel beleidigt den guten Geschmack.

a) Die Flittern werden z. B. in den kleinen Feldern der kurz zuvor erwähnten gesprengten Arbeit angenähet, oder auch auf Schleifen. Der Sticker macht an der Spitze eines Zwirnfadens einen Knoten von Cantille, zieht den Faden durch das Loch des Flitters und befestigt ihn hiemit auf seiner Arbeit. Der Knoten von Cantille füllt das Loch des Flitters aus und hält ihn zugleich fest.

b) Die Cantille hat, nebst dem schon erwähnten Gebrauch, noch die Bestimmung, der Arbeit einen größern Glanz zu geben. Sie wird gleichfalls nach Gutdünken aufgenähet, z. E. in der Mitte eines Blatts.

Anm. 1) Um die Kleider zu schonen, wird die reiche Arbeit auch wohl auf besondern leinenen oder seidenen Zeugen gestickt, und alsdenn von dem Schneider aufgenähet und mit der Profilschnur umgeben. Mützen der Frauenzimmer, welche auf Leinewand gestickt werden, giebt man einen Grund von Gold- oder Sil-

Silberlahn. Der feine Geschmack möchte dies aber wohl für eine überhäufte Schönheit halten.

2) Der Sticker verfertigt auch mit Seide und Kameelgarn schlechte Arbeit.

E) Die Zünftigkeit.

a) Beurtheilung. Die Sticker machen bis jetzt noch keine Gesellschaft aus, welche von der Obrigkeit bestätigt ist, und zählen sich deshalb zu den Künstlern.

b) Ihre Lehrbursche müssen bei ihrem Lehrherrn 7 Jahr aushalten, und schon einige Kenntniß im Zeichnen mitbringen.

c) Es steht in dem Willkühr ihrer Gesellen, ob sie wandern wollen oder nicht, sie bekommen aber kein Geschenk. Sie verdienen, nebst Essen und Trinken, wöchentlich einen Dukaten.

d) Ein Meisterstück wird, wie bei allen Künstlern, nicht verlangt.

Fünfter Abschnitt.

Der Bortenwirker.

A) Inhalt. Der Bortenwirker oder Posamentirer verfertigt auf dem Weberstuhl und auf der Spinnmühle Tressen und andere reiche Waaren. Es werden aber auch von vielen Meistern dieses Handwerks bloß Band, Borten, Schnüre u. d. gl. gewirkt und gesponnen. In diesem Abschnitt ist aber vorzüglich von der Gold- und Silberarbeit der Bortenwirker die Rede.

B) Die Materialien.

a) Zur reichen Arbeit wird Lahn, Gespinnst oder Gold- und Silberfaden, Cantille, weiße und gelbe Seide erfordert. Alle diese Materialien sind schon aus den vorigen Abschnitten bekannt. Die Bortenwirker erhalten sie theils von der Gold- und Silberfabrik, wenn sie für dieselbe reiche Arbeit verfertigen; theils aber kaufen sie die Materialien von der Fabrik, und verkaufen die verfertigte Arbeit an die Kaufleute.

b) Zu der schlechten Arbeit gebrauchen sie Seide, Kameelgarn, Wolle, Zwirn, von verschiedener Farbe und Güte. Diese Dinge las-

lassen sich an einem andern Ort bequemer beschreiben.

C) Die Werkzeuge.

a) Ein Weberstuhl, worauf sie Tressen, Band und Borten wirken. Fig. I. ist ein Aufriß seiner langen Seite. Fig. II. stellt eben diesen Stuhl von vorne vor, wo der Bortenwirker bei der Arbeit sitzt. Fig. III. IV. sind Theile dieses Stuhls, welche in den vorigen Zeichnungen nicht deutlich zu erkennen sind. Sie sollen bei der Beschreibung an ihrem Ort bemerkt werden. Die Zahlen stimmen in allen Figuren überein.

Das Ganze ist ein länglichtes Viereck, aus starken Latten zusammengesetzt. Man kann es als drei kleine Gestelle über einander ansehen 1. 2. 3. und überdem ist hinten noch ein kleiner Abschnitt 4. angebracht. Alle diese Abschnitte sind $2\frac{1}{2}$ Fuß breit, allein die Länge und Höhe nimmt stufenweise ab. Die gröste Länge ist 5 Fuß, und die gröste Höhe $7\frac{1}{2}$ Fuß.

A) In der Mitte der drei vordern Gestelle über einander erblickt man folgende Theile:

a) Ganz unten in dem Gestell liegen nach der Länge desselben schwache Latten, die großen Tritte 5. Sie füllen die ganze Breite des Stuhls aus und reichen bis zu seiner Mitte.

Ein

Ein vollständiger Stuhl hat 36 solcher Tritte. Sie stecken vorn alle auf einem einzigen Bolzen 6, aber so, daß der Arbeiter jeden besonders mit dem Fuß bewegen kann. An dem beweglichen Ende der Tritte ist eine Schnur 7 geknüpft, wodurch jeder mit einem

b) Quertritt 8 vereinigt ist. Diese liegen nach der Breite des Stuhls dicht neben einander unter der obern Latte des untersten Gestells, und ihre Länge richtet sich nach der Breite des Ganzen. Die Zahl der Quertritte ist gleichfalls 36, weil jeder durch eine Schnur mit einem großen Tritt zusammenhängt. Jederzeit 18 stecken auf einem Bolzen, allein dergestalt, daß ein Bolzen auf der einen Seite des Stuhls ruht, der zweite aber auf der andern. Könnten alle 36 auf einer Seite niedergedrückt werden, so würden die Schnüre, wodurch sie mit den großen Tritten verknüpft sind, nicht bequem angebracht werden können. Die Schnüre können ohnedem schon nicht an den Enden dieser Stäbe in einer Linie neben einander gebunden werden. Die großen Tritte des linken Fußes bewegen die vordern, die rechten aber die hintern Quertritte. In der Zeichnung kann man nur die Spitzen dieser Tritte und die Schnüre der hintersten entdecken.

c) An

c) An der beweglichen Spitze jedes Quertritts sind zwei Bindfaden 9 angebunden, welche über 2 Rollen 11, auf dem dritten Abschnitt, geleitet sind. Diese beiden Schnüre tragen einen Hochkamm 16, so daß die eine Schnur nur über eine Rolle geht, die andre aber über beide. Bloß die Bewegung zu erleichtern, liegen die Schnüre auf den Rollen, welche etwa 8 Zoll im Durchmesser haben. Zu jedem Quertritt gehören zwei Rollen, und also hat ein vollkommener Stuhl 72 solcher Rollen, und 18 bewegen sich jederzeit auf einem Bolzen. Aus der II. Figur wird man sich von diesen Rollen und ihrer Bestimmung einen Begriff machen können.

d) Die gedachten Hochkämme 10. sind zwei Stäbe a. b., die von einigen hundert Bindfaden c. zusammengehalten werden. Zwei Bindfaden sind in der Mitte des Hochkamms so zusammen geschlungen, daß sie andere Bindfaden, die ihre Richtung nach der Länge des Gestells haben, die Korten 31, tragen und heben können. Eine solche Verknüpfung zweier Bindfaden nennt der Bortenwirker eine **Litze**. Unter jedem Hochkamm sitzt eine starke Bleistange d, etwa $\frac{1}{4}$ Zoll dick und 2 Zoll breit. Wenn der Kamm in die Höhe bewegt ist, so drückt ihn der Bleistab wieder hinab. Jeder Quertritt bewegt einen Hochkamm, und daher hat der Stuhl gleichfalls 36 solcher Käm-

Kämme. Die vordern 12 heißen die Hochkämme des linken, und die hintern die Hochkämme des rechten Fußes.

Wenn also der Bortenwirker mit dem Fuß einen großen Tritt 5 niederdrückt, so zieht er zugleich durch die Schnur 7 einen Quertritt. Dieser hebt vermittelst der Schnüre 9, welche über die Rollen 11. gehen, einen Hochkamm 10. Sobald er aber den Fuß von dem Tritt zurück zieht, so drückt die Schwere des Bleies den Kamm nieder. Dies ist die vorzüglichste Bewegung des Ganzen.

B) Die übrige Einrichtung hängt gröstentheils von dem kleinern Abschnitt 4 hinter dem Stuhl ab.

a) Unter diesem Abschnitt liegen zwei Latten horizontal 12, zwischen welchen auf starkem Drath einige Rollen ruhen. Dies nennt der Bortenwirker die Leiter. Fig. III. stellt diese Leiter abgesondert vor, und 13 sind die gedachten Rollen. Auf diese Rollen wird der Aufzug der Tresse gewickelt, den der Bortenwirker Anschweif 15 nennt. Jede Rolle hat einen Reif, worum man eine Schnur einigemal schlingt, und mit einem Stein an der Schnur 14. den Anschweif auf den Rollen bei der Arbeit spannt.

b) Die

b) Die Faden des Anschweifs werden von den Rollen durch das Hinterriedt 16. geleitet, damit sie sich nicht unter einander verwikkeln. Dies Riedt liegt kurz vor der Leiter, und hat, wie alle Weberriedte, die Gestalt eines länglichten Vierecks. Es wird auf folgende Art verfertigt: zwischen den langen Stäben befestigt man senkrecht neben einander Rohrsplittern dergestalt dicht, daß nur bequem ein Faden durchgezogen werden kann. Jedes Ende dieses Rohrs steht zwischen 2 Stäben, und diese Hölzer werden mit dünnen Bindfaden zusammengehalten. Hiedurch befestigt man zwischen den Hölzern die beiden Enden der Rohrsplittern.

c) Vor diesem Riedt, aber etwas unter dem Anschweif, ruht in den Latten des Gestelis ein Drath. Hierauf steckt der Bortenwirker, wenn er bunte Arbeit verfertigt, kleine Rollen 17 mit feiner Seide, womit er die langen Theile der Lahnfäden beim Wirken befestigt, welche die Blumen auf den Tressen oder, wie der Bortenwirker sagt, die Figur machen. Diese Rollen werden gleichfalls wie die vorigen auf der Leiter durch Steine oder kleine Säcke 18, mit Sand gefüllt, an einer Schnur gespannet.

d) Sowol der Anschweif 15, als die Seide auf den kleinen Rollen 17 gehen durch die Lade 19. Sie ist, wie bei allen Weberstützen, stühlen ein länglichtes Viereck, aus dünnen Latten zusammengesetzt und ruht beweglich mit ihren beiden Zapfen auf dem zweiten Abschnitt. Das unterste der Lade heißt der Riedtkasten 20. Er besteht aus 2 Latten a. b. welche einige Zoll von einander abstehen. Zwischen beiden steht das Vorderriedt c. Fig. II. 20. Die dünnen Stäbe dieses Rieds sind aber nicht von Rohr, wie bei den übrigen Webern, weil das Rohr den starken Metallfäden nicht genug Widerstand thun würde, sondern es sind feine Stahlfedern. Man befestigt sie zwischen den Zähnen zweier feinen Hornkämme, welche in den beiden Latten a. b. liegen. Die Absicht der Lade ist, den Einschlag der Arbeit fest zu schlagen. Damit sie aber ohne Bemühen des Arbeiters an die Tresse anschlage, so ist auf den Latten des zweiten Abschnitts eine hölzerne Scheibe 21 durch vier Strikke gespannt. Die Scheibe hat ohngefähr $\frac{1}{2}$ Fuß im Durchschnitt, und die vier Strikke sind durch vier Löcher um den Mittelpunkt der Scheibe gezogen. Auf ihrer Stirn sind einige Löcher gebohrt, und in eins oder das andere dieser Löcher steckt man einen Stock, nachdem die Scheibe stark ziehen soll. Der Stock hängt durch eine Schnur 22 mit einer Latte 23 auf der Lade zusammen. Wenn also der Bortenwirker die Lade zurück stößt, so werden die Stricke stärker

zusam-

zusammen gewunden. Sobald er aber die Lade sich selbst überläßt, so suchen sich diese Stricke wieder aufzuwickeln, und schlagen die Lade an die verfertigte Tresse.

e) Vor der Lade wird der Anschweif in Tressen oder Band durch den Einschlag verwandelt, und hierauf über eine kleine Welle 24 zu einer größern 25 geleitet und aufgewickelt. Die letztere wird durch ein Sperrad gespannt, die erstere aber hat bloß den Zweck, daß sich die Arbeit beim Aufwickeln nicht reiben soll. Ueber der kleinen Welle ruht ein Brett 26, damit die Waare nicht durch die Hand des Arbeiters beschmutzt wird. Zugleich legt der Bortenwirker hierauf sein Muster, wornach er arbeitet, und die Schützen, deren er oft 2 bis 5 zu einer Tresse gebraucht. 27 ist das Brustbrett, woran der Arbeiter sich beim Weben lehnet, und 28 die Bank, worauf er sitzt.

f) Das wichtigste des ganzen Bortenwirkerstuhls sind die Wellen, welche den hintern Abschnitt des Stuhls über der Leiter ausfüllen. Diese Wellen 29 sind 14 bis 24 dünne hölzerne Stäbe, 2 bis $2\frac{1}{2}$ Fuß lang. Ihre Zahl richtet sich nach der Größe des Stuhls. Durch ihre Mitte ist ein gemeinschaftlicher Bolzen gezogen, doch so, daß sie sich auf ihm bewegen können.

aa) Auf jeder Welle ist ein kleines Holz 30, woran der Bortenwirker eine große Menge dünner Bindfaden oder Korten, wie er sie nennet, bindet. Jede Korte 31 gehet durch alle Hochkämme 10, ruhet aber nur auf der Schlinge oder Litze derjenigen Kämme, die ihn bei der Arbeit heben sollen. Vor den Hochkämmen liegen 10 kleine Wellen 32, 1 Fuß lang und $\frac{1}{2}$ Zoll dick, und jede Korte wird über eine dieser Wellen geleitet; doch werden jederzeit einige Korten vorher zusammengebunden. Es hat dies letztere eine doppelte Absicht, daß sich die Korten nicht verwirren, und daß man sie leicht finden kann, wenn sie reißen. Alle Korten haben an dem Ort, wo sie durch den Anschweif 15 gehen, einen kleinen messingenen Ring, wodurch ein Faden des Anschweifs geleitet wird. Wenn also ein Hochkamm in die Höhe bewegt wird, so zieht er zugleich die Korten, die in seiner Litze liegen, mit sich, und diese ihre Fäden des Anschweifs. Dies mannigfaltige Erheben der Fäden des Anschweifs ist des Einschlages und der Figuren wegen nothwendig. Damit sich aber die Korten unten nicht verwickeln, so ist an ihrem Ende ein kleines Eisen angeknüpft 33. Die Korten einer Welle, welche zu einer Tresse nicht gebraucht werden, legt man zurück.

bb) An

bb) An dem einem Ende jeder Welle ist eine Schnur 34 gebunden, welche unter einige kleine Rollen neben der Leiter geleitet wird, und sich von hier zu der senkrechten Latte in dem zweiten Abschnitt lenket. An dieser Latte sitzt ein Brett 35, in welchem so viel Löcher sind, als der Stuhl Wellen hat. Durch jedes Loch gehet die Schnur einer Welle, und wird vorn durch einen kleinen Kegel oder Klöppel gehalten. Wenn man durch den Klöppel eine Schnur zieht, so stößt ihre Welle

cc) ein Brett 35 zurück, das so lang ist, als die ganze Reihe der Wellen. Dies Brett hängt oben beweglich an einem eisernen Bolzen, und kann also unten zurück geschlagen werden. Wenn also der Bortenwirker eine Welle durch die Schnur zieht, so stößt sie das Brett zurück. Sobald sie aber bis unter dem Brett gezogen ist, so fällt dieses zurück, und hält die Welle, daß sie sich nicht wieder in die Höhe bewegen kann. Hiedurch werden alle ihre Korten 31 angezogen, welche von der Welle zu dem Anschweif geleitet sind. Hielt aber das Brett vorher eine Welle, so fliegt diese, wenn das Brett von einer neuen zurück gestoßen wird, von sich selbst in die Höhe. Deswegen hängt an dem hintern Ende der Welle ein Stein an einer Schnur 36. Die Korten dieser letztern Welle werden hiedurch schlaff, und können daher von den Hochkämmen, in deren Litzen sie liegen, nicht gehoben werden. Der Arbeiter zieht jederzeit eine neue Welle, wenn er alle große Tritte 5 bewegt hat, die er zu seiner Arbeit braucht. Die I Fig. 29. kann bloß die vordern Spitzen der Wellen vorstellen. Deshalb sind zwei Wellen Fig. IV. besonders gezeichnet worden. Die untere wird von dem Brette gehalten, die obere aber nicht. Das Brett 29 erscheint hier aber nur von der Seite.

C) Endlich gehören zu einem vollkommenen Stuhl noch einige Schützen Fig. V. Sie werden aus Knochen, Elfenbein, oder aus einem glatten Holz verfertigt. In eine Aushöhlung in ihrer Mitte kann man eine kleine Spule einstecken, worauf der Faden des Einschlags gewickelt ist. Auf der Seite ist ein kleines Loch, wodurch dieser Faden geleitet wird. Die Spule ist Fig. VI. besonders gezeichnet. Zu den gewöhnlichen Tressen gebraucht man zwei Schützen mit Lahn und Gespinnst. Bei einigen aber 3 bis 5 mit Cantille und andern reichen Fäden.

Anm. Ein solcher Stuhl kostet 40 bis 60 Thlr., nachdem er vollkommen seyn soll. Die neuesten Stühle haben kleine Abänderungen, die aber nicht verdienen angemerkt zu werden.

b) Eine

b) Eine Spinnmühle, so wie sie im dritten Abschnitt beschrieben ist, außer daß die Läufer (Plätter und Spinner Fig. IV. 7.) etwas verändert sind. Ihre Scheibe ist hier einige Zoll im Durchschnitt; und anstatt daß bei der Maschine des Spinners nur eine kleine Rolle mit Drath an seinem Umkreis befestigt ist, so sind hier drei Rollen in einem Triangel angebracht. Auf diese Rollen wikkelt man reiche Fäden oder Seide. In dem Mittelpunkt der Scheibe des Läufers ist vorne eine hohle Röhre, an deren vordern Enden drei Löcher gebohrt sind. Durch diese werden die drei Fäden von den drei Rollen durchgezogen, vereinigt, und zu den Rollen auf der Leiter geführt. Wenn die Maschine bewegt wird, so entsteht aus den 3 Fäden eine einzige Schnur. Auf diese Art werden z. B. die Schnüre in den Schärpen der Officiere verfertigt.

c) Durch den Anschweifrahm bestimmt der Bortenwirker die Länge der Fäden des Anschweifs. Es sind zwei schmale Bretter, welche parallel an die Wand der Stube in einiger Entfernung angenagelt sind. Die eine dieser Latten hat oben rechtwinklicht einen Arm von Holz und auf beiden Latten sind gedrechselte Knöpfe. Der Bortenwirker nimmt 2 Rollen mit Fäden des Anschweifs, wickelt sie beide um die Knöpfe des gedachten Arms an einem dieser Bretter,

ter, doch so, daß sie durch die Knöpfe abgesondert werden, damit er sie nach dem Messen leicht wieder trennen kann. Alsdenn leitet er beide Fäden vereinigt von den Knöpfen des einen Brettes zu den Knöpfen des andern, zählt, wie oft er dies wiederholt hat; und da ihm die Entfernung dieser beiden Bretter nach Ellen bekannt ist, so kann er hiedurch den Fäden des Anschweifs die gehörige Länge geben.

D) Die Waaren und Handgriffe.

Die Glieder dieser Profession unterscheiden sich wieder nach den verschiedenen Waaren, welche sie verfertigen. Nach der Absicht dieses Theils sollen vorzüglich diejenigen Waaren beschrieben werden, wozu Gold- und Silberfäden verarbeitet werden, besonders aber die Tressen.

a) Der Gold- und Silberarbeiter verfertigt goldene und silberne Tressen.

A) Wenn ihm die Fabrik ein Ende Tressen überschickt, nach deren Muster er eine neue verfertigen soll, oder wenn er sie auch selbst wählt, und er besitzt hiezu noch nicht die Patrone, oder die Vorschrift, wonach er arbeitet: so muß er die Kunst verstehen, sich dieselbe selbst zu verfertigen. In dieser Absicht zählt er die Fäden des Anschweifs und des Einschlags dieser Tresse, und nimmt ein Papier, worauf schon Linien nach der Länge und Breite gedruckt sind, dergestalt, daß lauter kleine Vierecke entstehen, und schneidet von diesem Papier so viel Reihen solcher Quadrate ab, als seine Tresse Fäden des Anschweifs und des Einschlags hat. In dem letzten Fall versteht es sich, daß nur die Fäden so weit dürfen bestimmt werden, bis eben diese Figuren wieder auf der Tresse entstehen sollen. Die Patrone Fig. VII. besteht gleichfalls aus solchen Quadraten. Auf diesen Vierecken werden die Figuren der Tresse gezeichnet; und die fertige Tresse zeigt, wie die Zeichnung die Fäden des Anschweifs bedecken muß. Hiedurch entdeckt der Bortenwirker, welche Fäden des Anschweifs sich bei jedem Einschlag erheben müssen, wenn auf der Tresse die erforderlichen Figuren entstehen sollen.

B) Nach dieser Zeichnung verfertigt der Bortenwirker die Patrone. Fig. VII. ist eine Patrone einer Bandtresse. Man nimmt abermals hierzu ein Papier, welches mit kleinen Vierecken bedeckt ist. Die Linien, welche Fig. VII. nach der Richtung A B, C D gehen, bedeuten die Fäden des Anschweifs und den Gang der Korten 31 durch die Hochkämme 10. Die Linien A C, B D aber bezeichnen die Fäden des Einschlags und zugleich die Hochkämme 10, welche die

Fäden des Anschweifs bei jedem Einschlag, vermittelst der Korten 31, erhöhen. Es ist schon oben gezeigt worden, daß eine Korte auf den Litzen aller der Hochkämme ruht, wodurch sie soll gehoben werden. Soll die Korte im Gegentheil durch einen Hochkamm nicht erhöht werden, so geht sie bloß durch den Kamm, ohne auf einer seiner Litzen zu liegen. Der Bortenwirker bezeichnet diesen Gang der Korten folgender Gestalt in der Patrone. In den kleinen Vierecken, welche in der Richtung AB, CD neben einander fortlaufen und den Gang der Korten durch die Hochkämme anzeigen, macht er in jedem einen Punkt, wenn die Korte auf der Litze des Hochkamms ruht, welche die Reihen der Vierecke AC, BI vorstellen, und dies nennt er genommen. Hat ein Viereck keinen Punkt, so zeigt dies an, daß die Karte nicht auf der Litze des Kamms ruhen soll, sondern daß sie bloß durchgeht, und dies nennt er gelassen. Es ist hierbei nur noch zu bemerken, daß die Korte der ersten Reihe 1 Fig. VII. durch die Hochkämme des rechten Fußes geht, welche im Stuhl hinten hangen, die Karte der zweiten Reihe 2 aber zu den Hochkämmen des linken Fußes gehört. Auf eben die Art wechseln die Korten durch die ganze Patrone ab. Zu den Figuren der Tresse, welche aus dieser Patrone entsteht, gehören 3 Wellen, und

das

das Viereck I. zeigt den Gang der Korten der ersten Welle, II. der zweiten, und III. der dritten. Die Linien EF und GH theilen alle 3 Korten der Wellen in drei Theile. Die Korten, deren Durchziehen durch die Hochkämme von A bis E bestimmt wird, bindet der Bortenwirker vor den Hochkämmen lose zusammen, und führt sie vereinigt über eine der 10 Wellen 32. Hiedurch wird es ihm leicht, eine zerrissene Korte zu suchen.

C) Nach einer solchen Patrone wird nun der Stuhl eingerichtet. Zu derjenigen, welche auf der Platte Fig. VII. abgebildet ist, gehören 37 Fäden des Aufzugs, wie die Reihen Vierecke von AC, BD anzeigen, und also auch eben so viel Korten. Es werden ferner hiezu 10 Hochkämme und eben so viel große Tritte erfordert; denn so viel Reihen Quadrate enthält jede Welle in der Richtung AB, CD. Die Korte 1 wird in dem ersten Hochkamm genommen, in dem zweiten und dritten gelassen, in dem vierten genommen, in allen übrigen gelassen. Die Korte 2 wird in dem ersten Hochkamm genommen, in den nächsten beiden gelassen, in dem 4ten und 5ten genommen, und in den übrigen 5 Kämmen gelassen, u. s. w. Auf eben die Art verfährt man bei allen übrigen Korten der drei Wellen. Wenn alle Korten durch die Hochkämme des rechten und linken Fußes gezogen sind, so wie die Patrone anweiset, so werden sie zusammen gebunden, über die Wellen 32 geleitet, und an jeder wird das kleine Eisen 33 geknüpft.

D) Alsdenn erst, wenn die Korten in den Hochkämmen eingerichtet sind, kann der Anschweif 15 angeordnet werden, weil er durch die kleinen Ringe der Korten geleitet wird. Die Länge aller Fäden dieses Aufzugs wird auf dem Anschweifrahm bestimmt, und alsdenn werden sie auf die Rollen der Leiter 12 vertheilt. Alle Fäden werden durch das Hinterriedt 16 gezogen, und wenn es die Patrone der Tresse mit sich bringt, werden auch die kleinen Rollen 17 mit der feinen Seide angesteckt. Werden zu einer Tresse diese Fäden erfordert, so bezeichnet man sie in den Quadraten der Patronen durch einen Strich (—). Sowohl die Fäden des Anschweifs 15, als die feine Seide werden durch den kleinen Ring ihrer Korte 31 gesteckt, durch das Vorderriedt 20 der Lade 19 geführt und an Fäden geknüpft, welche an der großen Welle 25 befestigt sind. Dies ist die Einrichtung des Stuhls, und nunmehro eilt der Bortenwirker zu dem

E) Weben der Tressen. Er zieht vorher mit einem Knöppel 35 die erste Welle an, und hierdurch werden alle ihre Korten

Fig.

Fig. VII. I. gespannt, und heben ihren Faden des Anschweifs, sobald die Kämme 10, auf deren Litzen sie ruhn, bewegt werden. Die Korten der übrigen Wellen sind schlaff, und man sieht leicht, daß sie ihren Faden des Anschweifs nicht erheben können, wenn sich gleich ein Hochkamm bewegt, in welchem sie befestigt sind. Der Arbeiter bewegt hierauf nach der Reihe zuerst die großen Tritte 5 des rechten, und alsdenn des linken Fußes; jedesmal erhebt sich der Hochkamm, der mit dem Tritt zusammenhängt. Alle Korten 31, welche auf den Litzen des Hochkamms liegen, erhöhen alsdenn ihre Fäden des Anschweifs. Der Arbeiter wirft eine Schütze Fig. V. mit dem Einschlag durch den getheilten Anschweif, und läßt die Lade 19 anschlagen. Soll indem eine große Figur gemacht werden, so erheben sich nur wenige Fäden des Anschweifs; und daher kommt es, daß der Einschlag in langen Theilen auf der Tresse liegt, und die Figur bildet. Damit aber diese langen Theile fest liegen, so werden sie mit der feinen Seide unter dem Anschweif 17 verheftet, oder einige dieser Fäden werden durch Korten erhöhet, und kommen auf den gedachten langen Theilen der Figur zu liegen. Sobald alle Tritte des rechten und linken Fußes getreten sind, so zieht der Arbeiter die zweite Welle, und nach dieser die dritte. Bei beiden verfährt er, wie bei der ersten Welle.

Sind

Sind alle Wellen, die zu einer Tresse nöthig sind, gezogen, so ist ihr Muster vollständig, und es wird wieder die erste Welle gezogen. Eine Tresse kann aber auch mehrere Wellen erfordern, nachdem ihr Muster groß ist. Es ist nur noch zu bemerken, daß die Patrone die Tresse auf der verkehrten Seite vorstellt. Was sonst noch bei Verfertigung der Tressen zu bemerken ist, hängt von ihren

F) verschiedenen Arten ab, die noch kurz sollen beschrieben werden.

a) Lahntressen. Der Einschlag von Lahn macht bei diesen Tressen die Figur, und hiervon haben sie ihren Namen erhalten. Der Einschlag aber, der den Grund macht, ist Gespinnst. Man unterscheidet folgende Arten:

1) Gache. Der Anschweif ist bei dieser Tresse von Seide, der Einschlag aber von Gespinnst und von starkem Lahn, den man grobe Ringel nennt. Der letzte macht die Figur. Der Bortenwirker nennt diese Tresse brochirt, wenn einige Theile der Figur, z. B. die Mitte einer Blume, durch Chagrin oder Cantille gemacht werden. Alsdenn braucht er zu der Arbeit drei Schützen.

Anm. 1) Chagrin heißt hier ein schmales Gewebe von Gespinnst, wie ein kleines Band. Wenn der Bortenwirker die Cantille zum Einschlag gebraucht, so zieht er vorher

her einen seidnen Faden durch ihre Ringel, damit sie hierdurch Festigkeit erhält.

2) Der seidene Aufzug ist bei allen diesen Tressen gelbe Seide, wenn es goldene Tressen werden sollen, und von weißer Seide, wenn eine silberne Tresse entstehen soll. Alles übrige gilt zugleich von den silbernen und goldenen Tressen.

2) **Sommertressen oder Galonen.** Sie sind bloß dadurch von der vorigen unterschieden, daß der Anschweif gleichfalls Gespinnst ist.

3) **Marle oder Korallenarbeit** stimmt übrigens mit den Galonen überein, außer daß es an einigen Stellen durchbrochen oder gitterartig ist. Dies Gitter ist aber nicht von Lahn, sondern von Gespinnst. Es entsteht durch feine seidene Fäden unter dem Anschweif, die Schränkseide, welche durch eine Koralle genöthigt werden, sich über dem Anschweif herum zu drehen, und das Gitter zu befestigen. Hievon hat die Tresse ihren Namen erhalten. Zum Einschlag werden 5 Schützen erfordert, eine mit Lahn, eine mit Gespinnst, die dritte mit zwei groben Gespinnstfäden, die vierte mit Schnüren, und die fünfte mit kleinen Franzen. Diese Franzen geben der Tresse auf beiden Seiten einen Ausschweif.

Anm. Die Korten haben bei den beiden letzten Arten der Tressen Ringe von Glas, damit der reiche Faden des Anschweifs sich nicht abreibt. Der Verfasser sieht es selbst

ein,

ein, daß die Beschreibung der Marletressen nicht deutlich genug ausgefallen ist. Es ist nothwendig, sich durch den Augenschein von dieser Sache einen völligen Begriff zu machen, und hiezu hat sich keine Gelegenheit dargeboten.

b) Ordinaire Tressen. Der Anschweif ist bei dieser Tresse von Seide, und der Einschlag Seide und Gespinnst. Dies letztere macht sowohl den Grund, als auch die Figur. Der Bortenwirker nennt sie geschleifte Arbeit, wenn auf der rechten Seite zwei Schuß oder Einschlag Gespinnst fallen, auf der linken aber nur ein Schuß, dagegen aber zwei Schuß Seide. Diese Tressen haben auf den Seiten einen Ausschweif, und hiernach werden sie in Garniturarbeit und Einfaß eingetheilt. Die erstern haben auf beiden Seiten einen Ausschweif, die letztern aber nur auf der einen. Der Ausschweif ist eine schmale kleine Tresse, die vorher besonders gewebt wird. Der Bortenwirker läßt bei ihrer Verfertigung auf der einen Seite eine Auszackung, oder einige Ringel von Gespinnst nach dem Augenmaaß vorstehen. Bei Verfertigung der Tressen ist der Ausschweif auf einer besondern Schütze, und man befestigt ihn, nach Maaßgebung des Musters an einigen Fäden auf der Seite des Anschweifs. Diese Tressen sind auf beiden Seiten rechts.

c) Die

c) Die Bandtressen oder Ligatur sind nur auf einer Seite rechts. Der seidene Anschweif ist zum Theil scharf angezogen, und dies nennt man steifen Grund; zum Theil aber ist er schlaff, und dies heißt schlaffer Grund. Ueberdem liegt unter dem Anschweif bei diesen Tressen jederzeit feine Verheftseide 17, welche gleichfalls steif angezogen ist. Diese verschiedene Spannung der Fäden des Anschweifs entsteht, nachdem man kleinere oder grössere Steine an die Rollen der Leiter anhängt. Die feinen Verheftfäden erheben sich bloß, wenn der Bortenwirker Lahn oder Gespinnst einschlägt, und befestigen diese ächten Fäden. Der steife und der schlaffe Grund aber bleibt alsdenn unten unbewegt liegen; und daher kommt es, daß man unten bloß Seide und keine Silber- oder Goldfäden entdeckt. Nur selten, wenn der Arbeiter Seide einschlägt, erheben sich die Fäden des steifen und schlaffen Grundes. Deshalb ist nur wenig von diesen seidenen Fäden auf der rechten Seite zu sehen. Diese Tresse wird nach folgenden Abänderungen gewirkt.

1) Ligatur-Garniture ist auf beiden Seiten ausgeschweift.

2) Ligatur-Einfaß ist nur auf einer Seite ausgeschweift.

3) Beide

3) Beide Arten werden auch an einigen Stellen gitterartig gewirkt, und heißen alsdenn Ligatur Garniture oder Einfaß mit Löchern.

4) Ligatur mit Lahn brochirt. Bei dieser Tresse entstehen die Blumen zwar eigentlich durch die Silber- oder Goldfäden des Einschlags, allein an einigen Stellen erblickt man auch in den Figuren Lahn.

5) Die glatte Ligatur hat keine Figur, und wird gewöhnlich mit 2 Tritten gewebt.

b) Der Galanteriearbeiter beschäftigt sich zwar eigentlich mit solchen kleinen Waaren, die zum Putz gehören; unterdessen werden diese Dinge doch auch von den Frauen und Töchtern der übrigen Posamentirer verfertigt. Der Raum erlaubt nur, bei der großen Mannigfaltigkeit dieser Dinge, einige Stücke zum Beispiel zu beschreiben.

A) Der **Lahnstein**, eine bekannte Zierde des Huts, entsteht auf folgende Art: Es wird eine Cantille etwas aus einander gezogen, daß man seidene Fäden und Lahn zwischen die abstehenden Ringel legen, und hierdurch befestigen kann. Alsdenn biegt man die Cantille aus freier Hand zu derjenigen Figur, die man dem Lahnstein geben will, wie eine Rose, wie einen Kreis, oder wie einen Stern, und bindet beide Enden der gebildeten Cantille mit Seide

zusammen. Hierauf wird um die Figur dergestalt Seide gewickelt, daß der Raum, den die Cantille einschließt, unten und oben durch die Seide ausgefüllt ist. Soll der Stein mit Goldlahn geschmückt werden, so muß dieser Grund gelbe Seide, bei Silberlahn aber weiße Seide seyn. Die Seide giebt aber dem Lahnstein bloß eine Dichtigkeit, denn man bedeckt sie völlig mit Gold- oder Silberlahn, welchen man um den Stein, so wie die Seide windet, außer daß sich der Gang der Fäden genau nach der Figur des Lahnsteins richten muß, z. E. bei einem Stern leitet man den Lahn nach seinen Spitzen. Um den Umkreis dieses Putzes nähet endlich der Bortenwirker mit Gold- oder Silberdrath, wie es der Lahn des Steins mit sich bringt, kleine Zähne oder andere willkührliche Figuren. Dies letztere giebt der Arbeit zugleich Befestigung und Zierde.

B) Kreppin nennt man in dieser Werkstätte kleine Blumen, die aus Lahnbaletten zusammengeschlungen werden. Diese Lahnbaletten verfertigen die Spinner. Sie nehmen statt der Seide, worum sie sonst auf der Spinnmühle den Lahn leiten, schmale Streifen von Pergament, und überziehen sie mit Gummiwasser, damit ihre Bedeckung, die sie erhalten sollen, desto fester halten möge. Einige Spinner aber sehen dieses Ueberstreichen für überflüssig an. Alsdenn werden sie zuerst mit Seide und über dieser mit Lahn besponnen, wie im dritten Abschnitt erzählt ist. Diese Lahnbaletten sind die Materialien zu dem Kreppin. Insgemein schlingt die Hand eines Frauenzimmers dieses breite Gespinnst also durch einander, daß eine kleine Rose, ein Stern, eine Schleife, eine Eichel und andere Erfindungen ihrer Einbildungskraft entstehen. Die beiden Enden werden mit Seide zusammengenähet. Um das glänzende Ansehen dieser kleinen Figuren zu erhöhen, werden auch wohl mit Seide oder reichem Gespinnst kleine Knoten oder auch Flittern auf die breiten Lahnbaletten gesetzt. Man hat Kreppin von Gold- und Silberlahn und auch von Seide, und es werden hiemit die Kleider der vornehmen Frauenzimmer besetzt, und die Troddeln der Porte Epees oder der Hutcordons ausgefüllt.

C) Die Schnur dieser Cordons wird auf der Spinnmühle aus Gespinnst gesponnen, die Troddel aber wird wie ein schmales Band auf einem kleinen Stuhl gewebt. Der Einschlag dieses kleinen Bandes ist Gold- oder Silberfaden, welchen man auf der einen Seite nicht völlig durchschlägt, sondern nach der Höhe der Troddel vorstehen läßt. Ein Theil dieses Bandes wird um das Ende der Schnur gewickelt und mit Seide befestigt. Die Bänder der Porte Epees wer-

werden wie eine glatte Tresse gewebt, das Holz oder die Eichel an dem Bande aber mit Gold- oder Silberfäden aus freier Hand übernähet, und eine Troddel, wie bei dem Hutcordon angesetzt.

D) Die Fäden einer Schleife auf den Kleidern der Mannspersonen werden auf der Spinnmühle gedrehet, sie mögen aus Seide oder aus reichen Fäden zusammengefügt seyn. Aus diesem starken Gespinnst schlingt man die Schleifen aus freier Hand, und bedient sich bloß eines kleinen Haken, die Fäden durchzuziehen. Eine Zeichnung muß aber jederzeit dem Arbeiter vorschreiben, wie er die Fäden leiten soll. Zuweilen setzt man auf diese Schleifen Kreppin von Seide, Gold oder Silber, so wie es die Materialien einer Schleife bestimmen.

E) Die Verfertigung einer Schärpe (écharpe) mag diese Art der Bortenwirkerarbeit beschließen. Die drei doppelten Fäden dieses Schmucks der Officiers werden auf der Spinnmühle zusammen gewunden Zu den doppelten Schärpen spinnt man diesen starken Faden aus zwei Fäden Silbergespinnst und aus einem Faden schwarzer Seide. Bei einfachen Schärpen nimmt man aber nur einen Faden Silbergespinnst und zwei Fäden schwarzer Seide. Diese gesponnenen Fäden werden nach der Länge der Schärpe auf einem langen Rahm ausgespannt, und eben solche Fäden leitet man nach der Breite der ausgespannten Fäden, und macht bei jedem einen Kreuzknoten, wie bei Verfertigung der Netze, daß also die Schärpe aus lauter kleinen Rauten besteht. Auf beiden Enden aber bleiben die Fäden, welche nach der Länge ausgespannt sind, einige Hände breit unbestrickt hangen, und hieraus entstehen die Franzen der Schärpe. Ueber diesen Franzen wird endlich die Schärpe mit Seide zusammengezogen, daß die Franzen eine Troddel bilden.

c) Der Seidenarbeiter oder Bandwirker webt die seidenen Bänder auf einem Stuhl, der beinahe eben die Einrichtung hat, wie bei den Tressen. Das Band wird nach der verschiedenen Verfertigung folgendergestalt eingetheilt.

A) Das glatte Band wirkt man zwar auf eben dem Stuhl, worauf die Tressen gewebt werden, allein die Einrichtung des Stuhls ist etwas einfacher. Statt der Wellen sind hinten an der Latte, worauf sonst die Wellen 29 stehen, 4 Schnüre angebunden, und diese gehen, wie die Korten der Wellen, durch zwei Hochkämme 9. Jede Schnur trägt vor den Hochkämmen, unter den kleinen Wellen 32, einen kleinen horizontalhangenden Stab, den sie gleichfalls Kämmchen nennen. Der Stab ist etwa 6 Zoll lang.

lang. Die Stäbe hangen hinter einander, und an allen vier Stäben zusammen genommen sind so viel kurze Korten angebunden, als der Anschweif Fäden hat. Diese Korten aber reichen nicht bis an den Anschweif, sondern an jedem ist ein Pferdehaar mit einer Schlinge angeknüpft, und durch diese Schlingen wird der Anschweif geleitet. Die feinen Fäden der Seide würden sich nicht dicht genug beim Weben an einander schließen, wenn sie, wie der stärkere Anschweif der Tressen, durch kleine Ringe der dickern Korten gehoben würden. An jedem Pferdehaar ist unten, wie bei den Korten, ein kleines Eisen angebunden, damit sie sich nicht verwickeln. Wenn also der Bortenwirker mit dem rechten Fuß einen Tritt niederdrückt, so erhebt sich ein Hochkamm, und durch ihn zwei horizontale Stäbe mit ihren Korten, weil die Schnüre, welche diese Querstäbe tragen, in den Litzen des Hochkamms ruhen. Hiedurch wird zugleich die Hälfte der Fäden des Anschweifs in die Höhe gezogen, und der Bortenwirker wirft die Schütze mit dem Einschlag durch den gespaltenen Anschweif. Eben dies erfolgt, wenn der linke Fuß den 2ten Tritt bewegt. Beides, der Anschweif und der Einschlag aller Bänder ist Floretseide, und ein Faden besteht aus verschiedenen dünnen Fäden dieser Seide. Die bekanntesten Abänderungen dieses Bandes sind:

a) Zuweilen webt der Bortenwirker an beiden Seiten dieses, und auch der übrigen Bänder mit Blumen, kleine Ringel oder Oesen. Soll das Band diese Verzierung erhalten, so liegt auf beiden Seiten des Anschweifs eine oder auch zwei Pferdehaare. In dem letztern Fall sollen große und kleine Ringel entstehen, und zu den großen nimmt man zwei zusammengeschlungene Haare. Die Pferdehaare auf beiden Seiten des Anschweifs werden durch einen besondern Hochkamm bewegt, und der Arbeiter muß zwei Tritte mit dem linken und rechten Fuß treten, wenn sich die Pferdehaare zugleich mit einer Hälfte des Anschweifs erheben sollen. Wenn man anfängt, das Band zu weben, so sind die Pferdehaare zwar, wie die übrigen Fäden des Anschweifs, durch Schnüre an der Welle 25 befestigt. Sobald aber der Bortenwirker zuerst die verfertigte Arbeit auf die gedachte Welle wickeln will, so schneidet er die Pferdehaare von ihren Schnüren ab, und die Haare ziehen sich beim Aufwinden aus den Ringeln, womit sie der Einschlag beim Wirken umschlungen hat. Dies sind die gedachten Oesen. Man zieht die Haare aber nicht völlig von dem Bande ab, sondern sie werden noch von einigen Ringeln gehalten, damit sie von ihren Korten können gezogen werden.

b) Das

b) Das gemoorte (oder gemodelte) Band wird erst, wie ein gewöhnliches glattes Band gewebet, alsdenn aber mit Wasser eingesprengt und stark gepreßt. Man legt das besprengte Band zwischen zwei starke und geglättete eiserne Platten, und preßt solches zwischen denselben so stark, wie möglich. Hiedurch erhalten die eingesprengten Stellen des Bandes eine Schattirung. Die Bortenwirker machen aus dieser Geschicklichkeit, den Bändern ein gewässertes Ansehen zu geben, ein Geheimniß. Dieser Eindruck verliert sich aber beim Waschen wieder.

c) Zu dem Anschweif des schattirten Bandes nimmt man Seide von verschiedner Farbe, aber nur einen einfärbigen Einschlag. Hiedurch entstehen auf den fertigen Bändern rothe, weiße, gelbe ꝛc. Streifen.

B) Das Gegengurtband hat zwar Figuren oder Blumen, wie die Tressen, allein die Figuren werden nicht durch den Einschlag, sondern durch den Anschweif gemacht. Der gewöhnliche Bortenwirkerstuhl ist vermittelst der Korten so eingerichtet, daß die Fäden des Anschweifs, welche die Figuren bilden sollen, sich jederzeit dergestalt erheben, oder unten liegen bleiben, daß auf beiden Seiten über dem Einschlag lange Theile des Anschweifs ruhen, und hiedurch die Blumen bilden. Die Einrichtung des Stuhls gehet in etwas von der Einrichtung bei Tressen ab. Er hat nicht nur Wellen, sondern auch kleine horizontale Stäbe, die durch zwei Korten an beiden Enden getragen werden. An diesen Querstäben sind die kurzen Korten mit den Pferdehaaren gebunden, deren schon bei dem glatten Bande gedacht ist, und diese tragen hier gleichfalls in ihren Schlingen den Anschweif. Wenn also eine Welle gezogen wird, so werden hiedurch die beiden Korten derjenigen horizontalen Hölzer gespannt, welche durch die Hochkämme sollen gehoben werden, die Korten der übrigen Querstäbe bleiben schlaff. Wird ein Hochkamm durch die Tritte bewegt, so erhebt er alle die Querstäbe, deren beide Korten in seinen Litzen ruhen, wenn sie durch die gezogene Welle gespannt sind. Hiedurch wird zugleich der Theil des Anschweifs erhöhet, der durch die Schlingen der Pferdehaare geleitet ist, welche an den gezogenen horizontalen Stäben hangen. Der Bandwirker muß daher bei der Einrichtung seines Stuhls zugleich sein Augenmerk auf die Wellen und auf die Korten an den horizontalen Stäben richten.

Zu dieser Art Bänder gehört das Lisierband, dessen Verfertigung hier ein Beyspiel seyn mag. Sein Grund hat das Ansehen eines gerippten Grosdetours. Bei dem

Ban-

Bande, das der Verfasser vor sich hat, ist eine Länge von 2 Zoll durchgängig zusammenhangend gewirkt, und mit zerstreuten Blumen belegt, welche Blätter vorstellen. Dieser feste Theil wechselt mit einem Gitter ab, das etwa 1 Zoll lang ist und aus 7 schmalen Streifen nach der Länge des Bandes besteht, welche nur hin und wieder durch den Faden des Einschlags zusammengehalten werden. Wenn der Seidenwirker beim Weben an diesen gitterartigen Theil kommt, so zieht er eine Welle, wodurch sich z. B. auf der rechten Seite des Bandes, bloß einige Fäden beim Treten erheben und hinab ziehen lassen. Die Anzahl dieser Fäden richtet sich nach der Breite des schmalen Streifs, den der Arbeiter wirken will. Er bewegt diesen Theil des Anschweifs dergestalt, daß er viermal einschlagen kann, und lenkt alsdenn den Einschlag zu dem Theil des Anschweifs, woraus der zweite Streif entstehen soll. Hier wirft er abermals viermal die Schütze durch, und auf eben die Art bei den fünf übrigen Streifen. Wenn er nun bei allen Streifen von der Rechten zur Linken viermal eingeschlagen hat, so wiederholt er das vorige rückwärts von der Linken zur Rechten, und setzt dies so lange fort, bis das Gitter lang genug ist. Weil er jederzeit den Anschweif jeder Streife beim Einschlagen dicht zusammmen zieht, so bleibt zwischen den Streifen ein kleiner leerer

Raum von einigen Linien, und bei den 7 Streifen des beschriebenen Bandes 6 solcher Zwischenräume. Hin und wieder ist in diesem Leeren der Faden des Einschlags sichtbar; und dies entsteht, wenn der Arbeiter sich von einem Streif zu dem andern wendet, nachdem er bei jedem viermal eingeschlagen hat. Auf solche Art wechseln auf dem ganzen Bande jederzeit ein fester Theil mit einem Gitter ab. Auf den Seiten hat dieses Band Ringel, deren Entstehen schon oben gezeigt ist. Zu diesem Bande werden 4 Wellen erfordert.

Anm. Die Lisierarbeit, welche zu dem Falbalas an den Kleidern der Frauenzimmer gebraucht wird, verfertigt der Galanteriearbeiter, so wie das Gitter dieses Bandes.

C) Das Figurband. Seine Figuren entstehen durch den Einschlag, wie bei den Tressen. Auf diese Art wird das Band gewirkt, daß der Bortenwirker Moorlegatur mit Blumen nach dem Leben nennt. Zum Einschlag werden so viel Schützen mit Seide von verschiedner Farbe erfordert, als die Blumen Farben haben, und der Arbeiter muß jedesmal die Schütze nach den Farben der Blume, die er wirken will, wählen.

D) Bei einigen Bändern müssen der Anschweif und der Einschlag gemeinschaftlich das Ihrige zu den Figuren beitragen, und dies trifft sich bei dem Treßband. In seiner Mitte hat dieses

dieses Band Figuren, die durch den Anschweif entstehen, auf beiden Seiten des Bandes aber, beinahe an den Ecken, geht ein Streif durch das ganze Band, etwa $\frac{1}{4}$ Zoll breit, der sich vor dem Uebrigen durch seine Rippen ausnimmt. Der Stuhl erhält bei der Verfertigung dieses Bandes eine solche Einrichtung, daß sich die übrigen Fäden des Anschweifs zweimal erheben und diese zwei Fäden des Einschlags befestigen, unterdessen daß sich der Theil des Anschweifs, wo die gerippten Streifen entstehen sollen, nur einmal bewegt. Man sieht also leicht, daß der Anschweif der Streifen jedesmal zwei Fäden des Einschlags umgiebt, wenn er wieder durch die Kämme bewegt wird, und daß er daher stärker gerippt vor den übrigen Theilen des Bandes vorsteht, welche nur einen Faden des Einschlags umschließen. Der schmale Theil von den beiden Streifen bis zu den Ecken hat gleichfalls Blumen, die durch den Anschweif gebildet werden, und auf beiden Seiten hat das Band Ringel.

Anm. 1) Der Bandwirker muß Geschicklichkeit genug besitzen, jedesmal zu beurtheilen, wenn er ein neues Muster eines Bandes wirken will, ob er die Figuren am bequemsten durch den Anschweif oder durch den Einschlag bilden kann.

2) Der Raum erlaubt es nicht, alle Benennungen der Bänder anzuführen, zumal da es nur veränderte Muster sind. Die verschiedene

Dicke

Dicke und Beschaffenheit der Seide zum Wirken giebt gleichfalls einige Benennungen, und daher nennt man einige Bänder Grosdetour-andre Florett- und noch andre Tafftbänder. Alle diese Bänder werden auf die beschriebene Art gewebt.

3) Die Bandmühle wäre eine vortheilhafte Erfindung neuerer Zeiten, wenn sie nicht sichtbare Fehler hätte, denn sie verfertigt zugleich 16 Bänder. Wenn die Mühle eingerichtet ist, so kann die Hand eines Unwissenden sie bewegen, denn das übrige verrichtet die Maschine von sich selbst. Die Fehler dieser Maschine aber sind, daß es sehr mühsam ist, sie einzurichten, daß man sie nur mit ziemlichen Kosten im Stande erhalten kann, und daß die ganze Maschine ruhen muß, wenn nur die Fäden eines Bandes reißen oder sich verwickeln. Wie leicht ist dieses aber? Ueberdem will man bemerkt haben, daß ihre Bänder nicht die Güte derjenigen haben, welche auf Stühlen gewebt werden. In Berlin ist nur eine einzige Maschine dieser Art.

b) Der eigentliche Bortenwirker verfertigt vorzüglich die glatten und auch die Sammtborten. Die glatten Borten werden, wie das glatte Band, aus Seide, oder aus Seide und Garn gewebt. Bei den Sammtborten ist der Anschweif Seide, der Einschlag aber kann gleichfalls Seide seyn, oder auch Gold- und Silberfäden. Die leztere Art nennt man Gold- und Silberborten. Der Theil des Anschweifs, woraus der Sammt soll geschnitten werden, wird auf den Rollen der Leiter nur schlaff durch die Steine gespannt,

spannt, damit er sich etwas über der Borte erhöhen läßt. Der Bortenwirker hat bei der Arbeit zwei dünne und feine stählerne Klingen, und steckt eine derselben unter den schlaffen Theil des Anschweifs, wenn auf einer Stelle Sammt entstehen soll. Er schießt alsdenn viermal mit der Schütze durch und steckt hierauf die zweite Klinge durch den Anschweif, und auf diese Art fährt er durch die ganze Stelle fort. Wenn er eine Klinge heraus zieht, so durchschneidet ihre Schärfe die Fäden des Anschweifs, die sich beim Weben um dieselbe geschlungen haben. Zuweilen wird ein Ringel des erhöhten Anschweifs zerschnitten, der andre aber nicht. In dem letzten Fall wird ein runder Drath, statt der kleinen Klinge durchgesteckt, und der Bortenwirker gebraucht alsdenn zwei kleine Klingen und auch zwei runde Eisen. Beide hangen an einem Faden neben dem Stuhl, und sind an einem Leder an der Seite des Anschweifs befestigt.

Die Zünftigkeit der Bortenwirker.

Beurtheilung. Die Bortenwirker sind, wie die gewöhnlichen Professionisten, zünftig, und ihre Profession gehört zu den geschenkten Handwerken. Alle vier Arten der Bortenwirker machen zwar nur eine Zunft aus jeder Professionist aber verfertigt insgemein die Waaren, welche er von seinem Meister zu

ver-

verfertigen erlernt hat, ohnerachtet ihm die Geschicklichkeit der übrigen nicht ganz unbekannt seyn muß. Es steht ihnen daher frei, sich nach Willkühr ihre Arbeiten zu wählen. In unserer Gegend haben sie auch das Privilegium, Band, Schnupftücher und andere kleine Waaren öffentlich zu verkaufen.

b) Ihre Lehrbursche erlernen dieses Handwerk in 5 Jahren, und müssen ihrem Meister 100 Rthlr. Lehrgeld erlegen, wenn diese Summe nicht durch einen Vergleich gemildert wird.

c) Die Gesellen sind verpflichtet, 3 Jahr zu wandern und erhalten 6 Gr. wenn sie nach einem Ort kommen. Außerdem aber werden sie noch von ihren Mitgesellen freigebig unterstützt.

d) Zum Meisterstück weben sie eine Bandtresse und eine Polnische Eichel. Dies letztere ist ein breites und hohles Band, das diesen Namen von seiner Gestalt erhalten hat, und zu Degengehenken gebraucht wird.

Sech-

Sechster Abschnitt.

Der Gold- und Silberarbeiter.

A) Inhalt. Unter diesem Namen sind alle die Professionisten begriffen, die bloß aus Gold und Silber Geschirre und solche Arbeiten, welche zum Putz und zur Pracht gehören, schmieden und gießen. Einige schmieden vorzüglich Silbergeschirre und diese heißen Silberarbeiter. Andre verstehen die Kunst, Edelsteine zu fassen, und nennen sich Goldarbeiter. Die dritte Art verfertigt Galanteriewaaren, und hat hievon ihren Namen erhalten.

B) Materialien.

a) Gold. Die Goldarbeiter versetzen dies Metall, wenn sie es verarbeiten, stark mit Kupfer. In unserer Gegend enthält 1 Mark Probegold 12 Karath Gold und eben so viel Kupfer. Man giebt dem Golde kein Probezeichen.

b) Silber. Fast jede Stadt verarbeitet eine andre festgesetzte Vermischung des Silbers mit Kupfer und diese bestimmte Masse nennt, man das Probesilber des Orts.

A) In England, Frankreich, Holland und Italien ist das Probesilber 15 löthig.

B) In Wien, Strasburg, Königsberg, Augsburg, Nürnberg, Prag, Kopenhagen, 13 löthig.

C) In Berlin, Hamburg, Danzig und Niedersachsen 12 löthig.

D) In Breßlau 11 löthig.

Anm. 1) Bei allem Probesilber fehlen aber an jeder Mark einige Gran Silber z. B. Die eigentliche Berliner Probe ist 11 Loth 13 Gran.

2) Damit die Probe jederzeit aufrichtig beobachtet werde, so muß jedes Stück, wenn es aus dem Groben gebracht ist, zu 2 Altmeistern gebracht werden. Der erste gräbt mit einem Grabstichel in das Silber eine Schlangenlinie, welches der Goldschmid das Ziselierzeichen nennt, und giebt dem Silberarbeiter seinen Namen auf Blei an den zweiten Altmeister mit, damit er nicht unterläßt, zu ihm zu gehen. Dieser prägt in die Arbeit das Stadtwapen, und schickt den Namen zu dem ersten Altmeister zurück. Vorher aber schlägt der Goldschmid seinen eigenen Namen auf das Silber.

b) Kupfer zum Legiren der edeln Metalle. 1 Pfund kostet 8 bis 10 Gr.

c) Messing zum Silberschlagloth. 1 Pfund kauft man für 12 Gr.

d) Quecksilber zum Vergolden. 1 Pfund gilt 2 Rthl.

e) Mit

e) Mit Scheidewasser scheidet man Gold und Silber. 1 Pf. kostet 16 gr. In Königswasser löset man das Gold zur trocknen Vergoldung auf.

Anm. Das Scheidewasser wird aus Salpeter und grünem calcinirten Vitriol, beides zu gleichen Theilen, destilliret. Mit 1 Pf. muß 1 Mark Silber können aufgelöset werden, wenn es seine gehörige Stärke haben soll. Durch einen Zusatz von Küchensalz entstehet aus diesem Spiritus Königswasser.

f) Der Borax befördert das Schmelzen der Metalle, und daher gebrauchen ihn die Metallarbeiter beim Löthen. Der Venetianische ist der beste, und hievon gilt 1 Pf. 1 Thlr. 16 Gr.

Anm. Borax ist ein Werk der Kunst und wird aus dem Chinesischen und Japanischen Tinkal, einem Salz, das im Feuer zu Glas wird, mit einigen Zusätzen zubereitet.

g) Potasche, Salz, Weinstein und Silberglätte. Mit diesem Pulver werden die Unreinigkeiten von der Krätze, oder dem gesammleten Abgang auf dem Fußboden der Werkstätte abgetrieben. Es verwandelt sich beim Schmelzen in einen festen Körper, der alsdenn Glasgalle heißt und zum Löthen aufgehoben wird. Der Weinstein und das Küchensalz wird auch zum Weißsieden gebraucht.

Anm. Wird Lauge in einem Kessel so lange gekocht, bis das Wasser verraucht, so bleibt ein Salz übrig, das man Potasche nennt. Es kommt schwarz aus dem Kessel, und der Calcinirofen giebt ihm seine Farbe. 1 Pfund kostet

 2 Gr.

2 Gr. 6 pf. Der Weinstein setzt sich erst als ein Schleim an die Stäbe der Weinfässer, und wird nach und nach hart. 1 Pf. gilt 3 Gr. 6 pf. Die Glätte entsteht, wenn man von den Bleierzen das Silber scheidet. Die lockere Glätte verkaufen die Hütten zum Gebrauch der Metallarbeiter, aus der festen aber schmelzen sie Blei.

h) Der Formsand, ein weißer oder gelblicher Sand. Er muß so weich wie Mehl seyn, wenn er beim Gießen zum Formen tüchtig seyn soll. Man vermischt ihn insgemein mit Kienruß und Bier, und in diesen Teig drückt man die Patrone, oder das bleierne Modell der Arbeit ab, die soll gegossen werden. Wenn man ihn aber mit Wasser, worin Salmiak gekocht ist, anfeuchtet, so ist er zu diesem Zweck am geschicktesten.

i) Auf Pech wird die Arbeit gelegt, wenn sie der Goldschmid treiben will. Er schmelzt das Pech, und mischt soviel Ziegelmehl hinzu, bis es eine steife Masse ist.

k) Poussirwachs wird aus gelbem Wachs, weißem Pech und Terpentin geschmolzen. Die flüssige Masse gießet man auf Wasser und knetet sie unter einander, damit sie geschmeidig wird. Beim Kneten werden die Finger zum öftern in Baumöl getunkt, damit das Wachs leicht seine Figur beim Poussiren ändert. Bloß des guten Ansehens wegen giebt man dem Wachs beim Kneten mit Zinnober eine rothe Farbe. Der Name zeigt schon

schon die Bestimmung dieses Wachses an. Die Goldarbeiter gebrauchen noch

l) geschliffne Edelsteine.

A) Einige haben eine solche Härte, daß sie von der besten Feile nicht beschädigt werden. Hiezu gehört der Diamant, der Rubin und der Sapphir.

B) Andere lassen sich etwas abfeilen, und diese sind der Topas, Smaragd, Amethyst, Hyacinth, Granat, Beryll und Chrysolith.

C) Halbedelsteine sind glasartige Steine, die sich fein poliren lassen. Man findet sie in großen Stücken. Der Achat mit seinen Arten und der Jaspis führen diesen Namen, und werden zu großen Galanteriewaaren z. E. zu Dosen verarbeitet.

Anm. Wo möglich, soll in dem nächsten Theil die Kunst des Steinschneiders ihren Platz finden und zugleich die nähere Beschreibung der Edelsteine. Diese Kunst würde zu diesem Theil gehören, als ein Anhang zu dem Gold- und Silberarbeiter, womit sie genau verknüpft ist, wenn die festgesetzte Zahl der Handwerke solches erlaubte.

m) Die Folie ist ein dünnes polirtes Silberblech. Man verfertigt es weiß und auch gefärbt, und die hiesigen Goldarbeiter kaufen 1 Buch, worin 5 zweizöllige Blätter liegen, in den Laden der Nürnberger. Das Schleifen und die untergelegte Folie vermehren das Feuer der Edelsteine.

C) Die Werkzeuge:

a) Probirnadeln Fig. XV. Jedes dieser dünnen Stifte ist aus einer verschiedenen Zusammensetzung der edeln Metalle verfertigt. Zum Silber hat man 16 Nadeln, womit man dies Metall von 1 bis 16 löthig, nach dem äußern Ansehen, probiren kann. Das Gold probirt man mit 24 Nadeln, die theils aus einer Zusammensetzung des Goldes mit Kupfer, theils mit Silber bestehen. Die Nadeln der Goldschmiede aber sind gewöhnlich nur mit Kupfer legirt, und bei dem feinen Golde bedienen sie sich zugleich der oben gedachten Probe mit Scheidewasser.

b) Schmelztiegel. Die schwarzen werden in Steiermark aus einer Eisenerde gebrannt und springen leicht im Feuer. Man kauft sie nach der Masse, die darin kann geschmolzen werden, und bezahlt jede Mark mit 6 pf. Die weißen werden aus einer Thonerde in Hessen verfertigt. Ein Satz, oder 5 Stück, die in einander passen Fig. I, kosten 1 Gr. 3 pf. bis 2 Gr. 6 pf. nachdem sie groß sind. Die hiesigen weißen Schmelztiegel kommen den Hessischen noch nicht an Güte bei.

c) Der Windofen ist ein gebräuchlicher Feuerherd, in dessen Decke ein oder mehrere vierecktige Löcher 10 bis 12 Zoll ins Gevierte

und

und $1\frac{1}{2}$ Fuß tief gemauert sind. In der Mitte jedes Lochs liegt ein eiserner Rost, der die Asche abführt, und unter diesem Rost ist eine Zugröhre, welche die Kohlen beim Schmelzen glühend erhält. In ein solches Loch werden die Schmelztiegel beim Schmelzen der Metalle gesetzt.

e) Die Gießzange Fig. II. Mit ihren gekrümmten Kneipen nimmt man die Schmelztiegel aus den Löchern des Windofens.

d) Der Einguß ist bereits im 2ten Abschnitt beschrieben. Zu Kleinigkeiten, z. E. zu Löffeln, gießt der Silberarbeiter das flüssige Metall in einen Flintenlauf, den er an einem Ende verstopft.

f) Die Kluft Fig. III. hat die Bestimmung der gewöhnlichen Feuerzangen.

g) Eine Feueresse mit dem erforderlichen großen Amboß und den Schmiedezangen. Fig. IV.

h) Das Bechereisen ist ein tragbarer Amboß Fig. V. Auf einem starken senkrechten Eisen ruht ein angeschmiedetes rundes Quereisen, das etwa 2 Zoll dick ist und auf beiden Enden eine schiefe Fläche hat. Auf diesen schiefen Flächen werden alle hohle geschlagene Arbeiten ausgedehnt, oder, wie der Gold- sagt, aufgezogen, z. E. Becher; und hievon hat es seine Benennung erhalten.

In der Werkstätte des Goldschmids gebraucht man zum Schlagen der Metalle verschiedene Abänderungen dieses Ambosses. Z. B. das Daumeisen Fig. VI. hat auf beiden Enden Knorren, oder eine kugelartige Erhöhung, worauf man große Geschirre ausbaucht. Das Schampelmenteisen Fig. VII. hat auf einer Seite einen kleinen Knorren und auf der andern einen Haken. Der Bauch der Deckel wird hierauf ausgetrieben. Ueberdem gebrauchen sie noch ganz kleine Eisen dieser Art, die auf beiden Enden spitzig zulaufen, wie der Sperrhaken der Schlösser, außer daß die Spitze des einen etwas abgekürzt ist. Wenn der Goldarbeiter dieses und andere kleine Eisen dieser Art gebrauchen will, so steckt er es in das Loch des Einsatzes. Dieser hat bloß ein viereckiges Quereisen, und an einem Ende desselben ist ein Loch, worin man die gedachten kleinen Eisen setzt.

i) Hammer von verschiedener Größe und Figur. Die vornehmsten sind: Der Spann- oder Planschenhammer Fig. XI. hat auf beiden Seiten, wie ein gewöhnlicher Schmiedehammer, eine breite Bahn, die eine aber ist eben und die andere gerundet. Der Goldschmied nennt diese letztere eine muchliche Bahn. Mit diesem Hammer schlägt man aus

aus einem massiven Stück Silber ein Blech, wenn man es vorher von einem Silberzahn mit dem Schrotmeißel abgeschlagen, oder wie man in dieser Werkstätte sagt, abgeschrotet hat. Der Schrotmeißel aber ist ein Hammer mit einer scharfen Pinne, und der Goldschmid besitzt große und kleinere. Der Aufziehhammer Fig. VIII. hat an dem einen Ende eine breite Bahn, an dem andern aber eine Pinne. Der Name zeigt schon seine Bestimmung. Der Tiefhammer ist ein starker Hammer mit einem langen Stiel, auf der einen Seite mit einer runden, auf der andern aber mit einer flachen Bahn Fig IX. Man gebraucht ihn, wenn man tiefe Sachen, z. B. den Boden eines Gefäßes, ausheben will. Der Fußhammer ist ein kleiner Hammer, auf beiden Enden rund. Hiemit werden Beulen ausgeschlagen. Der Knopfhammer Fig. X. hat gleichfalls auf beiden Seiten eine runde Bahn. Man wählt diesen Hammer, wenn man auf einem Kloß oder auf einer Bleiplatte etwas ausschlagen will. Der Planirhammer Fig. XII. giebt einer geschlagenen Arbeit zuletzt eine förmliche Gestalt. Die eine Bahn ist platt, die andere aber rund. Der Treibhammer Fig. XIII. hat auf einem Ende einen Knopf, auf dem andern aber eine runde Bahn.

Die Bunzen werden mit diesem Hammer getrieben.

k) Die Gießflaschen Fig. XIV. sind zwei Rahmen von Messing oder Holz, die auf einander passen, und worin der Gießsand gepreßt wird. Wenn sie zusammengesetzt sind, so bilden sie beide einige Gießlöcher, wodurch das flüssige Metall zu den eingeprägten Figuren des Sandes geleitet wird. Beim Gießen werden sie zwischen Bretter gelegt. Man vereinigt sie durch Haken, und nach dem Willkühr des Arbeiters werden sie in einer Presse, oder durch Keile in einem Schragen zusammengepreßt.

l) Die Boraxbüchse Fig. XVI. eine kleine messingene Büchse mit einer Röhre. Diese hat oben Zähne, wie eine Säge, woran der Goldschmid mit dem Nagel des Fingers kratzt, damit der zerstoßene Borax beim Löthen langsam auf die Arbeit falle.

m) Eine große Lampe mit einem starken Tocht nebst der kupfernen Löthröhre. Man bedient sich ihrer, wenn Kleinigkeiten sollen gelöthet werden.

n) Die Ziehbank ist die große Ziehbank in der Fabrik im kleinen (S. 2. Platte Fig. V.) Sie ist etwa 6 Fuß lang. Die Zieheisen Fig. XVII. werden gleichfalls gegen 2 Stäbe gesetzt, und den Gold oder Silberdrath ergreift eine große Zange an einem Seil, welches

ches auf einer horizontalen Welle mit einer Kurbel gezogen wird. Die Zieheisen der Goldschmiede sind aber nur von Stahl, und haben auch mehrere Löcher von verschiedener Größe. Durch diese Zieheisen verfertigen sie sich selbst den Drath, den sie z. E. zu Charnieren gebrauchen. Einige Löcher sind halbrund, und hiedurch wird der starke Drath zu den goldenen Ringen gezogen. Wenn jemand einen Ring bestellt, so überreicht ihm der Goldschmid das Ringmaaß Fig. XVIII., ein Drath, worauf eine Menge großer und kleiner Proberinge zu Stock- und Fingerringen steckt. Auf jedem Ringe steht eine Zahl, welche den Goldschmid zu einem kleinen Messingblech verweiset, worauf die Länge des Draths steht, die zu dem Ringe erfordert wird. Eine solche Länge des Draths schneidet er ab, macht sie auf dem Sperrhaken rund, löthet beide Enden zusammen, und polirt sie, wie unten soll gezeigt werden. Bei Gesimsen, z. B. an dem Rande einer Kanne, bedient er sich, statt der Zieheisen, des Seckenzugs Fig. XIX. Es ist dies eine kleine eiserne Presse mit drei Schrauben. Mit diesen Schrauben preßt man zwei stählerne Platten, die Seckeneisen, zusammen. Die obere Platte 1. ist völlig viereckig, in der untern 2. aber ist das Gesimse ausgeschnitten. Mit den Schrauben bringt man die Seckeneisen auf der Seite näher zusammen, wo das Gesimse noch zu stark ist.

o) Der **Werktisch** Fig. XX. ein viereckiger Tisch, dessen Blatt an den Seiten rund ausgeschnitten ist, wo er nicht an der Wand steht. In jedem Ausschnitt ist ein Fell ausgespannt, worin sich der Abgang beim Feilen und Ausgraben, oder, nach der Sprache der Gold- und Silberarbeiter, die Krätze sammlet. An diesem Tisch ist auch ein Schraubstock befestigt. Bei den Eisenarbeitern, welche ihn vorzüglich gebrauchen, läßt sich dies Instrument am bequemsten beschreiben. Die Goldarbeiter bedienen sich auch eines hölzernen Schraubstocks, den sie einen Feilkolben nennen. Er steht auf einer messingenen Kugel, die man in einem Ringe, der die Kugel umgiebt, umdrehen kann. Man bedienet sich dieses Instruments bei kleinen Arbeiten, z. E. beim Einsetzen der Edelsteine.

p) Die **Laubsäge** Fig. XXI. Das Gestell ist ganz von Eisen, das Blatt aber aus dem feinsten Stahl. Mit dieser kleinen Säge nimmt man das Ueberflüssige bei gegossenen Dingen weg.

q) **Zangen.** Die **Beißzange**, Fig. XXII, ist eine gewöhnliche Zange mit scharfen Kneipen. Der Goldschmid gebraucht sie, Blech oder Drath abzukneipen. Die **Flachzange**

Fig.

Fig. XXIII. und die Biegezange Fig. XXIV. haben beide gerade gespitzte Kneipen, außer daß die Kneipen der erstern breiter und stärker sind. Beide werden zum Biegen gebraucht. Die Schraubezange Fig. XXV. ist ein kleiner Handschraubstock, um Kleinigkeiten einzuspannen und abzufeilen. Die Kornzange ist aus einem doppelten gespitzten Messingblech zusammen gesetzt. Man legt mit dieser Zange das zerschnittene Schlagloth auf den Ort, wo man löthen will. Deshalb hat sie auch hinten eine kleine Schaufel, um den Borax abzunehmen, wenn man zu viel aufgeschüttet hat. Fig. XXVI. stellt sie bloß auf einer Seite vor, Fig. XXVII. macht die Zusammenfügung beider Kneipen begreiflich.

r) Die Silberschere hat starke spitzige Schneiden und gekrümmte Griffe. Fig. XXVIII. Das dünne Silberblech wird hiemit zerschnitten.

ſ) Feilen von verschiedener Größe und Gestalt, runde, halbrunde, breite und spitzige, grobe und feine. Fig. XXIX. Er wählt sie, wie es die Arbeit erfordert. Beim Fassen der Edelsteine polirt der Goldarbeiter die Kasten mit einer feinen runden Feile, die Nadelfeile.

t) Die Grabstichel sind kleine viereckige, runde, halbrunde, spitzige stählerne Stäbe. Sie sind vorne geschärft und an einem hölzernen

nen Stiel befestigt. Man gebraucht sie, auf allen Arten der Arbeit auszugraben und die kleinen überflüssigen Theile wegzunehmen. Einige heißen Messerzeiger, weil ihre Klingen etwas breiter, wie ein Messer sind. Fig. XXX. bezeichnet drei solcher Grabstichel.

u) Die Bunzen sind eben solche stählerne Stifte. Vorne sind sie nicht geschärft, sondern haben an ihrer Spitze eine runde, platte, eiförmige, eckige Figur. Der Goldschmid besitzt eine große Anzahl dieser Eisen, und gebraucht eins derselben, so wie auch die Grabstichel, nachdem es die Umstände mit sich bringen. Vorzüglich werden mit den Bunzen die Figuren der getriebenen Arbeit ausgebildet.

v) Die Schabeisen sind gekrümmte Eisen, vorne mit einer Schärfe, und stecken in einem hölzernen Griff. Der Silberarbeiter hat sie breit, rund, halbrund und spitzig, und schabt hiemit die verfertigte Arbeit. Mit den spitzen polirt er die Vertiefungen und Winkel, und wählt überhaupt eins aus der großen Anzahl dieser Eisen, wie es sich bei jedem Vorfall am besten gebrauchen läßt. Fig. XXXI. stellt 4 derselben vor.

w) Der Drillbohrer Fig. XXXII. besteht aus einem starken eisernen Drath, etwa 1 Fuß lang. An dem einem Ende des Draths ist eine viereckige Hülse 1., worin man spitzige Bohrer von verschiedener Art einsetzen kann. Etwa in der Mitte des Draths ist ein beweglicher hölzerner Arm 2., der an zwei Schnüren 3. hängt. Man schlingt beim Bohren die Schnüre um den Drath, setzt den Bohrer senkrecht auf einen Punkt, wo man vorher vorgestochen hat, und bewegt den hölzernen Arm hinauf und hinab, und hiedurch dreht man den Bohrer. Damit aber die Bewegung gleichförmig erhalten werde, so ist über der Hülse eine Bleikugel 4., welche dem Bohrer einen Schwung giebt. Man bedienet sich in dieser Werkstätte auch noch eines andern Bohrers Fig. XXXIII., woran in der Mitte eine Rolle 1. befestigt ist. Um diese Rolle wird eine Schnur an einem Bogen 2. geschlungen, und man setzt den Drath beim Bohren an die Brust. Hierauf wird die Rolle durch den Bogen bewegt.

Der Krummzirkel Fig. XXXIV. hat gebogene Füße, womit der Goldschmid ausgebauchte Sachen mißt, z. E. den Bauch einer Kanne, ob sie die Dicke hat, welche durch die Zeichnung bestimmt wird. Auf ebenen Flächen gebraucht er auch gewöhnliche Zirkel Fig. XXXV. zum Messen.

Das Schraubeeisen Fig. XXXVI. ist eine stählerne Platte, worin sich Schrauben-

gäng

gänge von verschiedener Größe befinden. Der abgefeilte runde Silberstab, worauf eine Schraube soll gewunden werden, wird in einen Schraubstock gespannt, und die Schraubengänge werden darauf mit dem Schraubeeisen gedreht. Die hiezu gehörige Schraubenmutter wird mit einer stählernen Schraube gebohrt, die in den Schraubengang des Schraubeeisens paßt, womit man die silberne Schraube verfertigt hat.

z) Der Löffelstampf Fig. XXXVII. ist ein eiserner starker Stempel, der an einem Ende nach der Vertiefung eines Löffels gerundet ist. Der Goldschmid schmiedet ein Blech, welches übrigens die Form eines Löffels hat, außer daß es noch durchgängig platt ist. Er legt hierauf den breiten Theil des Blechs auf ein Loch

aa) des Bleistampfs, Fig. XXXVIII., und giebt ihm die Ausbauchung. Der Bleistampf ist eine bleierne Platte, worin ein oder mehrere Löcher von verschiedener Größe, nach der Figur des Löffels, ausgehöhlt sind. Zu jedem Loch des Bleistampfs gehört ein besonderer Löffelstampf. Der Stiel des Löffels wird alsdenn gerade geschlagen und das Ganze polirt. Es giebt auch Degen- und Dosenstampfen. Die erstern sind gleichfalls von Blei, und es gehört dazu ein Stempel, der die Figur einer Hälfte eines Degengefäßes käses hat. Die Dosenstampfen aber sind von Eisen, und haben die völlige Gestalt einer Dose.

bb) Der **Aushauer** Fig. XXXIX. ist ein eiserner Stempel, etwa 8 Zoll lang. Er hat an einem Ende eine runde, verstählte und geschärfte Hülse. Mit diesem Stempel sticht der Goldschmid aus Silberblech kleine runde Platten aus, legt das runde Blech auf das Loch der **Anke**, (eine messingene Platte mit Löchern von verschiedener Größe) und baucht sie mit dem **Knaufstempel** Fig. XL. aus. Zwei solche Platten werden zusammengelöthet, nachdem vorher an einer eine Oese eingenietet und angelöthet ist. Man polirt sie alsdenn, wie in der Folge soll gezeigt werden. Dies ist das Entstehen der massiven Silberknöpfe.

cc) Der **Polirstahl** ist ein bekannter stählerner glatter Stab.

dd) Das **Betragstift** ist ein Drath von Kupfer, womit man die Masse beim Vergolden aufträgt. Mit der Kratzbürste Fig. XLI., welche statt der Borsten Messingdrath hat, wird das Vergoldete polirt.

ee) Das **Schnarreisen**, Fig. XLII. eine dünne und runde eiserne Stange 2 Fuß lang, die auf dem einen Ende nach einer Winkel gebogen ist, an dem andern aber an einer Spitze in einem Klotz befestigt ist. Es wird zum

Trei-

Treiben gebraucht, wenn man mit den Bunzen nicht zukommen kann. Man schlägt beim Gebrauch auf die Stange, daß sie stark zittert. Kleine Stücke werden beim Treiben auf den Kittstock gelegt. Der Stock hat an einem Ende ein Brett, worauf eine Pechkugel angeklebt ist. Aus der Folge wird dies deutlich erhellen.

D) Die Waaren und Handgriffe.

a) Gemeinschaftliche Handgriffe aller Gold- und Silberarbeiter.

A) Diese Professionisten probiren die edlen Bruchmetalle und auch ihre verfertigten Waaren, bloß nach dem Augenschein, mit den Probirnadeln, wie im ersten Abschnitt ist gezeigt worden. Müssen sie ja das Gehalt beider Metalle zuweilen genauer wissen, so schicken sie $\frac{1}{8}$ Loth, (das beim Probiren ein Markgewicht genannt wird) von ihren legirten Metallen in die Münze, wo man es in kleinen Capellen reinigt. Aus dem Gewicht dieses feinen Ueberrestes läßt sich der Zusatz der fremden Metalle genau bestimmen.

B) Das Scheiden der Metalle:

a) Das Gold verarbeitet man in dieser Werkstätte stets mit Kupfer versetzt. Daher ist nicht nöthig, es von diesem Metall zu reinigen, sondern durch einen Zusatz von feinem Golde zu dem stark legirten und durch Kupfer zum fei-

feinen Golde kann man jederzeit die erforderliche Mischung erhalten. Allein von dem Silber scheidet dieser Professionist das Gold wohl, weil er diese Vermischung der Metalle nur selten verarbeitet. Er bedienet sich des Scheidewassers, wenn er Gold und Silber scheiden will, z. E. bei ausgebrannten goldenen Tressen. Durch dieses Mittel kann man aber nur die beiden Metalle alsdenn scheiden, wenn sie die Quartscheidung haben, d. i. wenn die Masse ein Theil Gold und drey Theile Silber enthält. Der Goldarbeiter muß daher ein Markgewicht in der Münze probiren lassen, damit er genau erfährt, wie viel Silber er noch hinzusetzen muß, um die Quartscheidung zu erhalten. Aus dieser Mischung schlägt er ein dünnes Blech, zerschneidet es in kleine Theile, damit es von dem Scheidewasser leicht verzehrt wird, und rollt sie zusammen. Diese zusammengerollten Bleche wirft man in eine gläserne Kolbe, gießt Scheidewasser darauf, und setzt es auf eine heiße Stelle. Das Gold fällt, wie ein Koffesatz, auf den Boden, das Silber aber wird bekanntermaßen von dem Scheidewasser aufgelöset. Sobald dieser scharfe Spiritus aufhört Blasen zu werfen, ist die Scheidung geschehen. Man erhält hiedurch zwar kein völlig reines Gold, sondern nur, wenn man es durch

K Spieß-

Spießglas gießt, allein dies gebraucht der Goldarbeiter auch nicht. Man gießt nach der Scheidung das Scheidewasser vom Golde ab, und schüttet etwas Küchensalz hinein, oder man gießt den Spiritus in kaltes Wasser und wirft ein Stück Kupfer hinein, wenn man das Silber niederschlagen will. Im letzten Fall muß aber das Gefäß mit Wasser ziemlich geräumig seyn, damit das Scheidewasser sehr verdünnt wird, sonst bleibt noch Silber in den Zwischenräumen des Spiritus zurück.

Anm. Die Tressen brennt der Goldschmid, wie gewöhnlich, in einem Papier auf Kohlfeuer aus, zerschlägt das Silber, wenn es kalt geworden ist, und siebet es mit einem feinen Siebe, wodurch sich die Asche der Seide absondert. Auf eben die Art scheidet er auch die abgekratzte Vergoldung des alten Bruchsilbers. Er klopft das vergoldete Blech gerade, und kratzt die Vergoldung mit dem Schabemesser ab. Das Scheiden ist deshalb nöthig, weil zugleich auch etwas Silber abgeschabt wird.

b) Das Silber treibt der Goldschmid gleichfalls nicht, sondern er überläßt dies der Münze, wenn er feines Silber nöthig hat. Zu seiner Arbeit erhält er das Probesilber seiner Stadt durch einen Zusatz von Kupfer oder feinern Silber, nach Beschaffenheit seines Bruchsilbers. Allein der Werth seiner Metalle nöthigt ihn, allen Abgang zu sammlen, und daher hebt er den Staub

des

des Fußbodens in der Werkstätte, und den Satz des Wassers beim Poliren mit Bimsstein auf. Von diesem Schmutz sondert er die Metallkörner folgendergestalt ab: Wenn eine ziemliche Menge der Unreinigkeit des Fußbodens gesammlet ist, so siebt man es, damit die groben Theile im Siebe zurück bleiben, und schlämmt das durchgefallene einigemal mit Wasser, wodurch die mehresten irdischen Theile abgeführt werden. Der Ueberrest wird in einen großen Schmelztiegel geworfen und ein Pulver von Potasche, Weinstein, Küchensalz und Silberglätte, etwa zwei Querfinger hoch, aufgeschüttet. Man bringt den Tiegel in den Windofen, und wenn die Masse geschmolzen und zum öftern umgerührt ist, so fällt das Silber auf den Boden, die Unreinigkeit aber bleibt in dem Pulver zurück. Dies erkältete und verglasete Pulver nennt man Glasgalle.

Der Abgang beim Poliren ist bloß mit etwas Bimsstein vermischt. Er wird daher nur mit Weinstein, Potasche und Küchensalz in einem Schmelztiegel, wie das vorige, geschmolzen. Die Krätze, welche sich in den Fellen am Werktisch sammlet, wird gewöhnlich mit Potsache eingeschmolzen.

Anm. Die Goldschmide lassen auf dem Fußboden ihrer Werkstatte dreieckige Leisten aufschlagen, damit die Krätze nicht an den Füßen hangen bleibt.

 C) Die

c) Die Bearbeitung der Waaren im Groben. Das Gold wird in diesem Fall eben so behandelt, wie das Silber. Es geschieht dies auf eine doppelte Art:

a) Das Schlagen oder Schmieden. Jederzeit werden die Metalle zuerst in einem Schmelztiegel flüssig gemacht und in einen Einguß ausgegossen, damit man ein massives Stück erhält. Bei den legirten Metallen schüttet man jederzeit etwas Potasche in den Schmelztiegel, weil ohnedem das Metall, wenn es kalt geworden, körnig ist. Der Tiegel wird in ein Loch des Windofens gesetzt, und an allen Seiten mit Schmiedekohlen umgeben. Seine Oeffnung aber bedeckt man mit einer großen Kohle. Das flüssige Metall wird zum öftern mit einem eisernen Haken umgerührt. Je größer der Zusatz der legirten Metalle ist, desto eher schmelzen sie, und das Silber ist etwa in 10 bis 15 Minuten völlig flüssig, das Gold aber etwas später. Das legirte Silber ist gehörig geschmolzen, wenn es wie ein Spiegel, oder wie ein reines Wasser aussieht, das Gold aber, wenn es eine grüne Farbe spielt. Wenn sich diese Merkmale zeigen, so nimmt man den Schmelztiegel mit der Gießzange Fig II. aus dem Loche des Windofens, und gießt die Metalle in einen Einguß. Von dem kalt gewordenen Gold- oder Silberberzahn schlägt der Goldschmid ein Stück ab, so viel er ohngefähr zu einer bestimmten Arbeit gebraucht. Dies geschieht mit dem Schrotmeißel, und daher nennt es der Arbeiter abschroten. Ein solches abgeschrotetes Stück wird alsdenn nach der Verschiedenheit der Arbeit auf einigen Ambossen mit verschiedenen Hammern gestreckt. Es ist bekannt, das hiebei das Metall zum öftern geglühet wird. Dies läßt sich aber unten besser an einem Beispiel zeigen. Die gröste Geschicklichkeit beim Schlagen zeigt ein Goldschmid bei solchen Dingen, die auf einem platten Boden stehen, z. E. bei Tellern und Schüsseln. Der Hammer muß hiebei nie die Mitte treffen, sondern nur die Seiten nach einem Kreise, sonst stehen diese Geschirre nicht fest. Daher verstehen nicht alle Arbeiter die Kunst, dergleichen Arbeit zu verfertigen.

b) Das Gießen.

aa) Gewöhnlich bedienet sich der Goldschmid beim Gießen der Gießflaschen Fig. XIV. Er poussirt erst mit dem Poussirwachs, dessen bereits oben gedacht ist, die Arbeit, welche er gießen will. Das ungebildete Wachs drückt er um ein Holz, damit es eine Festigkeit erhält, z. E. bei einer Dose um einen viereckigen oder runden Kloß. Hierauf bil-

bildet er es im Groben mit der Hand, die genaue Figur aber giebt er dem Wachs mit kleinen Stäben von dichtem Holz, den Poussirgriffeln. Er hat hiebei eine Zeichnung vor sich. Die Stäbe werden beim Poussiren zum öftern vorne mit Speichel benetzt. Eine Fertigkeit im Zeichnen und eine lebhafte Einbildungskraft sind hier die besten Regeln. Die verfertigte Figur wird alsdenn in dem Sande der Gießflaschen abgedruckt. Man feuchtet diesen Sand, wie bereits oben erwähnt ist, mit Bier an, ballet und knetet ihn. Hierauf wird er in die beiden Hälften einer Gießflasche eingepreßt und mit einem Holz abgestrichen. Die poussirte Figur wird nun halb in den Sand einer halben Gießflasche eingedruckt, und alsdenn legt man die andere Hälfte gleichfalls darauf und drückt sie an, damit sich das Ganze in dem Sand beider Hälften abdruckt. Jederzeit aber muß vor der Vereinigung beider Rahmen der feuchte Sand mit Kohlenstaub in einem Beutel gepudert werden, damit beide Hälften nicht zusammenkleben, sondern sich leicht wieder trennen lassen. Man nimmt das Wachs wieder aus dem Sande, macht eine Rinne im Sande von den Gießlöchern zu den ausgedruckten Figuren, und vereinigt die Hälften, wie oben gezeigt ist. Man gießt aber zuerst nur mit Blei, weil der Abdruck des weichen

weichen Wachses nur einen unförmlichen Guß giebt. Den bleiernen Patronen, denn so heißt dieser Guß, giebt der Goldschmid, so wie den edeln Metallen, eine förmliche Gestalt, und formt hiemit von neuem in dem Gießsand. Nunmehro kann man mit den edeln Metallen gießen und erhält einen vollständigen Guß. Das Metall wird hiebei eben so, wie beim Schmieden geschmolzen.

Anm. 1) Der Goldschmid hebt die bleiernen Patronen sorgfältig auf, und daher hat er selten nöthig, zu poussiren. Zu gebräuchlichen Waaren besitzt er schon Patronen von aller Art.

2) Bei Kleinigkeiten gießt man auch wohl Patronen von Schwefel, es geschieht aber nur selten.

bb) Hohle Dinge, z. E. die Röhren (Schnauzen) einer Koffekanne werden insgemein als zwei Hälften nach der vorher beschriebenen Art gegossen und zusammengelöthet. Man kann sie aber auch im Ganzen gießen und dies nennt man das Hohlgießen. Die Arbeit wird gewöhnlich poussirt, und in das Wachs wird ein Kern gestochen, wo die Aushöhlung seyn soll. Man macht diesen Kern von Gießsand mit dem Weißen von den Eiern angefeuchtet. Dies Wachs wird hierauf mit Gyps übergossen und hiedurch zugleich der Kern befestiget. Ist der Gyps trocken, so schmelzt man das Wachs am Feuer aus, und gießt das Metall in den Zwischenraum, der hiedurch entsteht, wie bei der ersten Art. Ein solcher Guß ist ziemlich massiv, und findet wegen seiner Schwere in unsern ökonomischen Zeiten selten Käufer. Daher wird das Hohlgießen jetzt nur wenig gebraucht.

D) Das Löthen. Manche Theile der Arbeit kann man beim Schmieden und Gießen nicht bequem mit dem Ganzen vereinigen, und sie müssen daher angelöthet oder durch das Schlagloth vereinigt werden. Damit aber die Arbeit beim Löthen im Feuer nicht schmelze, so muß das Metall, womit man löthet, leichter flüssig werden, und daher ist es stets stärker legirt. Ueberdem befördert man das Schmelzen des Schlagloths durch den Borax und durch die Glasgalle. Von diesen beiden letztern Dingen ist bereits das nöthige gesagt, und es ist nur noch zu bemerken, daß man beides zerstößet und 1 Loth Borax zu 4 Loth Glasgalle mischt. Allein von den

a) verschiedenen Arten des Schlagloths muß das Nähere gezeigt werden.

aa) Das weichste Schlagloth des Goldes ist aus 1 Dukaten Gold und halb so viel Silber und Kupfer zusammengeschmolzen. Man hat überhaupt 7 Arten, und die übrigen 6 enthalten eben die Schwere des Kupfers und Silbers, nämlich von jedem die

Schwere

Schwere $\frac{1}{2}$ Dukaten, allein zu jeder feinern Art des Schlagloths nimmt man einen Dukaten Gold mehr. Die feinste oder siebente Art desselben ist also eine Masse von 7 Dukaten, einem halben Dukaten Silber und eben so viel Kupfer. Je feiner das Gold ist, desto feiner wählt der Goldarbeiter auch das Schlagloth, damit der Ort, wo gelöthet ist, ziemlich die Farbe des Ganzen erhalte.

bb) Zum Löthen des Silbers gebraucht der Goldschmid ein dreifaches Schlagloth.

1) Das feine Schlagloth wird aus 1 Loth Feinsilber und $\frac{1}{2}$ Loth Messing zusammengeschmolzen. Man löthet hiemit Dinge, die beim Gebrauch im gemeinen Leben oft ins Feuer gebracht werden, z. E. die Röhren an den Theekannen.

2) Das harte Schlagloth ist eine Masse aus 1 Loth Messing und 2 Loth Probesilber zusammengesetzt. Dinge, welche sehr fest vereinigt seyn müssen, z. E. die gegossenen Hälften einer hohlen Arbeit, werden hiemit gelöthet.

3) Das weiche Schlagloth besteht aus 1 Loth Probesilber und $\frac{1}{8}$ Loth Zink, oder, wie es die Matallarbeiter gewöhnlich nennen, Spiauter. Dies Schlagloth wird leicht flüssig, und daher kann man hiemit nur

solche Dinge löthen, die nicht an das Feuer kommen.

Alle diese Versetzungen der Metalle beim Gold- und Silberschlagloth werden in einem Schmelztiegel geschmolzen, in einen Zahneinguß ausgegossen, und, wenn sie erkaltet sind, zu einem dünnen Blech geschlagen, in länglich viereckige Stücke zerschnitten und zum Gebrauch aufgehoben. Der Goldschmid nennt diese dünnen Platten Paille.

Anm. Zink oder Spiauter ist ein bläulich weißes Halbmetall, das zwar ziemlich hart ist, aber doch leicht flüssig wird. Man theilt es in das Ostindische und Goslarische ein, das erstere aber ist das beste. Die Rothgießer und andere Messingarbeiter gebrauchen es zu ihren Compositionen.

b) Mit diesem Schlagloth löthet der Gold- und Silberarbeiter auf eine doppelte Art.

aa) Große Stücke werden beim Löthen auf ein Kohlfeuer gelegt. Vorher werden die Theile, welche man durch Löthen vereinigen will, mit der Feile eingerichtet, daß sie in einander passen. Sind diese Stücke nur klein, so verknüpft man sie mit kleinen Klammern, z. E. die Hälften eines Knopfs. Große Dinge aber, z. E. die Röhre einer Koffrkanne, werden mit geglühetem Drath an dem Ganzen befestigt und gehörig gerichtet; alsdenn bringt man die Arbeit auf glühende Kohlen, bestreicht die Stelle, wo man lö-

löthen will, mit Speichel oder Wasser, legt auf die Ritzen, welche man durch das Löthen ausfüllen will, mit der Kornzange Fig. XXVI. kleine Späne des Schlagloths, und beschüttet es an allen Orten, vermittelst der Boraxbüchse Fig. XVI., mit zerstoßenem Borax und Glasgalle. So bald das Metall glühend ist, so wird der Borax und das Schlagloth völlig flüssig, und dringt in den Zwischenraum ein. Denn ist es Zeit, die Arbeit abzunehmen. Sollten einige Stellen noch nicht durch das Schlagloth ausgefüllt seyn, so muß hier das vorige wiederholt werden. Das erkaltete Schlagloth wird endlich im Wasser abgekühlt und mit der Feile dem übrigen gleich gemacht.

bb) Kleinigkeiten würden leicht auf glühenden Kohlen schmelzen, daher löthet man sie nur an der Lampe. Man legt diese Dinge, z. E. wenn kleine Zierrathen an Kasten der Edelsteine sollen angelöthet werden, auf eine große todte Kohle, oder auch auf mehrere kleine, und richtet mit der Löthröhre die Spitze der Flamme auf den Ort, wo man löthen will, nachdem vorher Schlagloth und Borax ist aufgetragen worden.

F) Das

E) Das Poliren der edeln Metalle.

a) Wenn eine Arbeit von Gold gehörig befeilt und beschabet ist, so wird sie in Alaunwasser gekocht. Dies nimmt die Schwärze ab, welche sich durch das Glühen im Feuer auf das Gold setzt. Alsdenn wird sie mit den Böhmischen Steinen aus freier Hand abgeschliffen. Es sind dies feine länglichte Sandsteine, beinahe wie die Steine der Barbiere. Will man dem Golde aber eine hohe Farbe geben, so zerstößt und zerreibt man Alaun, Salz und Salpeter, mischt es unter einander, und macht es mit Wasser naß. Diese Masse trägt man auf das Gold auf, hält es über Kohlfeuer und reibt es alsdenn mit einer Bürste ab. Dies wird zum öftern wiederholt, nachdem die Farbe des Goldes mehr oder weniger hoch seyn soll. Das Gold muß aber schon vorher mit den Böhmischen Steinen polirt seyn, wenn man ihm auf diese Art einen Anstrich giebt. Andre Goldarbeiter schmelzen das erwähnte Pulver in einem Schmelztiegel, legen das Gold hinein, wenn das Pulver geschmolzen ist, begießen es hernach mit Wasser, und reiben das Pulver gleichfalls mit einer Bürste ab. Endlich wird es in Wasser mit Weinessig vermischt gelegt. Allein durch dies Reinigungsmittel laufen die gelötheten Stellen insgemein an, und der Arbeiter sieht

sieht sich genöthigt, durch ein Pulver von Grünspan, Salpeter und Salmiak, woraus man mit Essig eine feuchte Masse macht, diesen Fehler zu heben. Dieser Teig wird auf das Gold geschmiert und die Arbeit ins Feuer gehalten. Bei allen diesen Arten wird das Gold zuletzt mit gebranntem Hirschhorn, durch eine hölzerne Feile, abgerieben.

b) Das Poliren des Silbers ist noch mannigfaltiger.

aa) Das Geschirr wird zuerst in einem Gefäß mit Wasser an allen Orten mit feinem Bimsstein abgerieben. Dies giebt die Krätze, deren oben beim Scheiden ist gedacht worden. Allein dieser Stein nimmt noch nicht völlig die schwarze Haut ab, womit das Feuer beim Glühen das Metall völlig überzieht, sondern dies thut nur das Weißsieden.

Anm. Der Bimsstein ist ein lockerer Stein, der sehr rauhe Theile hat, daß sie so gar die harten Metalle abschaben. Der mehreste wird von den feuerspeienden Bergen ausgeworfen.

bb) Das Weißsieden hat, nächst dem vorgedachten, noch diesen Nutzen, daß es dem Silber eine weiße Farbe giebt. Daher siedet man nicht nur die geschmiedeten, sondern auch die gegossenen Waaren. Der Silberarbeiter wirft Weinstein und Küchen-

salz

salz in Wasser, und kocht hierin das Silbergeschirr. Hierauf brennt er Weinstein in Papier so lange auf Kohlen, bis er keine Flamme mehr giebt. Er zerstößt ihn alsdenn, verwandelt ihn mit Wasser in einen Teig, bestreicht hiemit das ganze Silbergeschirr, glühet es auf Kohlen und kühlt es in Wasser ab. Alsdenn wird es von neuem mit Weinstein und Küchensalz gekocht.

cc) Endlich wird das Silber mit feinem Sande, mit Tripel, oder mit einer Kohle von weichem Holz gescheuret. Ueberhaupt ist zu bemerken, daß sich der Goldschmid nicht an eine dieser Arten bei seiner Arbeit bindet, sondern daß er sie nach den Umständen und oft auch nach Willkühr wählt. Soll z. B. eine Stelle eine Spiegelglätte erhalten, so schleift er sie auch mit den Böhmischen Steinen. Den letzten Glanz giebt der Polirstahl der Arbeit. Man löset vorher Venetianische Seife in Regenwasser auf, und hiemit benetzt man beim Reiben den Polirstahl. Das gewöhnliche Wasser ist zu diesem Gebrauch zu hart, und die hiesige Seife zu schmierig und hindert daher die leichte und schnelle Bewegung des Stahls.

Anm. Beim Poliren bedienet man sich nie des Oels, weil hiedurch das Metall anläuft.

G) Das

G) Das Vergolden eines Silbergeschirres geschieht, wenn es bereits mit Bimsstein abgerieben ist. Man vergoldet in dieser Werkstätte auf eine doppelte Art:

a) Das Vergolden im Feuer.

aa) Zu dieser Verrichtung muß man sich vorher eine Masse oder ein Amalgama auf nachstehende Art verfertigen. Der Silberarbeiter schlägt Gold zu einem Blech, und zerschneidet es in kleine Theile. Er schüttet hierauf auf jede Schwere eines Dukaten 2 Loth Quecksilber, damit sich das Gold in diesem Halbmetall auflöse. Um dies zu befördern, setzt er beides in einem weißen Schmelztiegel in den Windofen, und läßt es hierin einige Minuten stehen. Diese Vermischung hat, nach der Vereinigung im Feuer, die Farbe des Quecksilbers. Sobald die Auflösung des Goldes geschehen ist, wird das Amalgama in reines Brunnenwasser gegossen, und hiedurch wird es eine steife Masse, wie ein Teig. Der Goldschmid knetet es im Wasser zum öftern durch einander, damit sich alle Unreinigkeit des Quecksilbers abspült.

bb) Diese verfertigte Masse wird auf das Geschirr aufgetragen, welches man vergolden will. Man kratzt vorher das Silber mit einer messingenen Kratzbürste und

und mit Bier ab, damit es völlig glatt wird, und bestreicht mit einem Pinsel die Stelle, welche man vergolden will, mit Quickwasser. Quecksilber, in Scheidewasser aufgelöst, führt diesen Namen. Dies erweicht, wenn man es durchgängig, wo man vergolden will, aufgetragen hat, die Oberfläche des Silbers, daß sie sich leicht fest mit dem Golde vereinigt. Sollen nur einige Theile einer Arbeit vergoldet werden, z. B. der Rand eines Bechers, so überzieht man die angrenzenden Theile, welche keine Vergoldung erhalten sollen, mit einem Schlamm von schwarz gebranntem Weinstein und Wasser. Der Goldschmid schmiert hierauf mit dem Betragstift, einem Kupferdrath, die weiche Masse von Gold und Quecksilber auf das Silber, reibt es mit einem Pinsel aus einander, und legt das silberne Gefäß auf ein Kohlfeuer. Es muß aber zum öftern umgekehrt werden, sonst bekommt es Flecken. Er nimmt es ferner vom Feuer, legt es auf ein Tuch in der Hand, und reibt das Amalgama mit einer Bürste aus einander, damit es sich an allen Orten gleichmäßig vertheile. Dies setzt er so lange fort, bis das Quecksilber durch das Feuer völlig abgetrieben ist, und bis die Vergoldung durchgängig eine Goldfarbe hat. Es wird viel oder wenig Amalgama aufgetragen, nachdem

dem die Vergoldung stark seyn soll. Ohngefähr kann man vorher überschlagen, wie viel Gold man zu einem bestimmten Raum flüssig machen muß, genau aber läßt es sich nicht bestimmen. Das vergoldete Silber wird endlich in Bier abgekühlt, mit der Kratzbürste abgerieben, mit Zinnasche und präparirtem Blutstein gescheuert und mit dem Stahl polirt, wie bereits gesagt ist.

Aus der übergebliebenen Masse gewinnt man das Gold wieder, wenn man in einem Schmelztiegel das Quecksilber im Feuer abrauchen läßt. Will man aber das Quecksilber erhalten, so preßt man das Amalgama in einem Leder. Das Gold bleibt im Leder zurück; das Quecksilber aber dringt durch die Zwischenräume, und man läßt es in ein Gefäß fallen. Den geringen Ueberrest des Quecksilbers im Golde treibt man gleichfalls im Feuer ab.

cc) Durch ein Glühwachs giebt der Silberarbeiter der Vergoldung eine hohe Farbe. Er schmelzt dies Wachs aus zwei Theilen gelben Wachs, 1 Theile Salpeter und $\frac{1}{2}$ Theile Rothstein zusammen, und wenn die Vergoldung eine grünliche Farbe erhalten soll, so setzt er noch 1 Theil Grünspan hinzu. Er kann aber auch eine andere Farbe wählen, wenn sie auf der Vergoldung

 durch

durchscheinen soll. Das Glühwachs wird geschmolzen und auf die vergoldete Arbeit mit einem Pinsel aufgetragen, wenn man sie vorher mit der Kratzbürste abgerieben hat. Das Geschirr muß hierauf so lange auf glühenden Kohlen liegen, bis das Wachs abgelaufen ist. Es wird alsdenn im Urin abgekühlt, und mit der Kratzbürste und dem Polirstahl polirt. Eben dieses Glühwachses bedienet man sich auch, wenn einige Stellen auf den massiven goldenen Waaren eine abgeänderte Goldfarbe erhalten sollen.

b) Die trockne Vergoldung ist bloß ein leichter Anstrich, der bald wieder vergeht. Es wird Gold durch Königswasser in einer gläsernen Kolbe aufgelöset. In diese Auflösung legt man leinene Tücher, worin das Königswasser mit dem Golde einzieht, und diese Tücher werden in einem Schmelztiegel zu Pulver gebrannt. Soll hiemit vergoldet werden, so nimmt der Arbeiter einen Kork, macht ihn mit Salzwasser naß, tunkt ihn in das Pulver und reibt hiemit die Stelle, die er vergolden will. Wenn es trocken geworden, so wird es mit dem Stahl polirt. Allein man bedienet sich dieser Vergoldung nur bei Kleinigkeiten, vorzüglich aber, kleinen Fehlern bei der Vergoldung im Feuer abzuhelfen.

b) Handgriffe der verschiedenen Gold- und Silberarbeiter:

A) Der Silberarbeiter

oder, wie man ihn gewöhnlich nennt, der Goldschmid rechnet vorzüglich zu seiner Arbeit das große Silbergeräthe, ohnerachtet er auch die Geschicklichkeit besitzt, das Gold zu schmieden, zu gießen und ihm ein gefälliges Ansehen zu geben; denn im Grunde betrachtet, werden beide Metalle auf gleiche Art bearbeitet, das Poliren ausgenommen. Sein Laden ist am mannigfaltigsten besetzt, und man erblickt in demselben, bei den begüterten Silberarbeitern, in großer Anzahl, Terrinen, Kannen, Schüsseln, Teller, Löffel, Leuchter und andere Stücke, welche der Ueberfluß und die Pracht erfunden haben. Ein Beispiel von allen Arten, das Silber zu bearbeiten, wird seine Geschicklichkeit begreiflich machen.

a) Die geschlagene Arbeit wird, was das Ganze betrifft, bloß durch Hammer und Amboß verfertigt. Aus der Beschreibung, wie der Silberarbeiter eine glatte Koffekanne schmiedet, wird man sich von dieser Arbeit einen Begriff machen können. Gesetzt, diese Kanne sollte 2 Mark wiegen, so nimmt man zu der Kanne selbst 1 Mark 4 Loth, und aus dem Ueberrest wird der

 Deckel,

Deckel, die Röhre und andre kleine Theile verfertigt. Der Goldschmid schrotet also 1) von einem starken Silberguß zu dem eigentlichen Körper der Kanne 1 Mark 4 Loth ab, und schlägt es auf dem Amboß mit einem starken Schmiedehammer zu einem Blech, das etwas dicker ist, als das Silber der verfertigten Kanne. Dies viereckige Blech streckt er auf allen vier Seiten dergestalt, daß es auf jeder Seite die Gestalt eines halben Zirkels erhält. Auf einem hölzernen Kloß giebt der Goldschmid dem Silberblech auf den Seiten die erste schwache Rundung. Alsdenn schlägt der Tiefhammer IX. die erste Anlage zum Boden. Dies sowol als die völlige Ausbauchung des Blechs geschieht auf dem Schmiedeamboß. Hiedurch erhält die Arbeit beinahe die Gestalt einer halben Kugel, und nunmehro wird die unförmliche Kanne auf das Bechereisen Fig. V. gebracht, und, wie der Goldschmid sagt, aufgezogen. Er legt nämlich die halbe Kugel auf eine schiefe Fläche dieses Eisens, schlägt den Theil der hohlen Kugel dünner, woraus der Bauch der Kanne entstehen soll, und verlängert ihn hiedurch zugleich. Das Silber hat nun die Gestalt, als wenn sich auf einem Boden ein ungebildeter Cylinder befände. Der Boden wird hierauf von neuem auf dem Amboß mit dem Tiefhammer

mer getieft, oder weiter ausgetrieben, und hiedurch erhält die Kanne die halbe Höhe. Der Goldschmid legt nunmehro die Arbeit auf einen Knorren des Daumeisens Fig. VI., und giebt der Kanne auf diesem Amboß mit dem Aufziehhammer Fig. VIII. den Bauch. Auf die gedachte Art zieht er auch auf dem Bechereisen den Hals der Kanne zu einem völlig runden Cylinder aus, und löthet, wenn er lang genug ist, das Mundstück um den Rand des Halses an. Es ist dies ein Gesimse, worein die untre dünne Leiste des Deckels passet. Man zieht es auf der Ziehbank in dem Seckenzug Fig. XX., macht daraus einen zusammengelötheten Ring, nach der Größe des Randes der Kanne, und vereiniget es mit ihr durch das Schlagloth. Alsdenn wird dem Halse der Kanne auf dem Daumeisen die eingebogene Figur gegeben. Bei einer jeden neuen Bearbeitung des Silbers glühet man es im Feuer, weil es ohnedem zu spröde seyn und die erforderlichen Veränderungen nicht annehmen würde. Wenn der Silberarbeiter der Kanne ihre Figur giebt, so hat er jederzeit die Zeichnung, wornach er arbeitet, vor Augen, und mißt mit dem Krummzirkel Fig. XXXIV. die Dicke, und mit einem gewöhnlichen Zirkel die Länge des Bauchs und des Halses, damit beides die Proportion bekommt, welche der Riß be-

 stimmt.

stimmt. Die Röhre, oder wie sie von dem Silberarbeiter genannt wird, die Schnauze der Kanne, die vorher schon besonders als zwei Hälften gegossen und zusammengelöthet ist, wird anjetzt mit dem Ganzen vereiniget. In dieser Absicht feilt man nach Vorschrift der Zeichnung ein Loch in dem Bauch der Kanne, paßt die Röhre ein, und verknüpft sie mit der Kanne durch Schlagloth, wie bereits oben gezeigt ist. Die Kanne kann entweder bloß auf ihrem Boden stehen, und alsdenn treibt man um den Boden nur beim Schmieden einen Reif. Dies geschieht mit einem Schrotmeißel. Soll sie aber einen hohlen und erhöheten Fuß erhalten, so kann man ihn entweder aus dem Ganzen schmieden, und oben eine runde Scheibe mit dem Meißel ausschneiden, wo er an dem Boden der Kanne soll angesetzt werden; oder man nimmt bloß ein Blech, schlägt es rund, giebt ihm die Figur eines Fußes und löthet es zusammen. In beiden Fällen wird der Boden des Gefäßes etwas ausgetrieben, daß er einen Reif bildet, und um denselben wird der Fuß angelöthet. Die kleinen hohlen Röhren, worin der hölzerne Handgriff der Kanne soll befestigt werden, gießt man vorher und löthet sie an. Massive Handgriffe werden gleichfalls gegossen und angelöthet. 2) Den Deckel schlägt man im Kleinen eben so, wie die

Kanne, außer daß seine Ausbauchung auf dem kleinen Haken des Schampelmenteisens Fig. VII. ausgetrieben wird. Die Zarge, oder die kleine Leiste, womit der Deckel in das Mundstück der Kanne faßt, ist ein zusammengelötheter Ring aus dünnem Blech, der an dem Deckel angelöthet wird, so wie auch der gegossene Knopf auf dem Deckel. 3) Endlich vereinigt der Silberarbeiter den Deckel und die Kanne durch das Charnier. Er nimmt einen so starken Eisendrath, als das Gewinde des Charniers dick seyn soll, schlägt mit einem Hammer das Silberblech um den Drath, und zieht beides auf der Ziehbank durch ein Loch des Zieheisens. Hiedurch schlingt sich das Blech völlig um den Drath, und es wird eine glatte Röhre. Er wickelt hierauf einen Theil des Blechs, der an die Kanne soll gelöthet werden, wieder auf, und verlöthet die Röhre des Gewindes. Mit eben den Handgriffen verfertigt er auch die andere Hälfte am Deckel. Die Feile stößt einige Stücke der Röhren aus, damit man beide zu einem Gewinde vereinigen kann. Endlich zieht er auf der Ziehbank einen Silberdrath, der in das Gewinde passet, vereiniget hiedurch beide Hälften, vernietet diesen Drath, und löthet das Charnier an. Der Reibung wegen nimmt man aber lieber einen Drath von einem andern Metall. Nun-

 mehro

ist die Kanne aus dem Groben gebracht, und sie erhält endlich 4) durch den Planirhammer Fig. XII. auf dem Daum- und Schampelmenteisen ihre förmliche Figur. Hiedurch werden alle unebene Theile und Vertiefungen weggeschafft. An dem Arbeitstisch wird sie erst mit groben und hernach mit feinen Feilen eben gemacht, abgeschabt und endlich polirt. Dies letztere ist bereits oben beschrieben.

b) Die gegossene Arbeit. Das Gießen selbst ist gleichfalls schon oben entwickelt, und es ist nur noch nöthig zu zeigen, wie das Gegossene am Werktisch behandelt wird. Ist die Arbeit glatt: so wird der überflüssige Auswuchs des Gusses mit der Laubsäge Fig. XXI. abgenommen, und sie wird übrigens, wie die Kanne, befeilt und polirt. Allein die Bearbeitung ändert sich etwas ab, wenn das Silber vorstehende Theile und Vertiefungen hat. Die Verfertigung der silbernen Schnallen mit sogenannten Steinen wird dies erläutern. Die Laubsäge nimmt zuerst gleichfalls das Ueberflüssige ab, und alsdenn befeilt der Silberarbeiter die glatten Theile der Schnalle. Wenn die Schnalle bereits völlig fertig ist, werden mit breiten Bunzen die Flächen der kleinen metallnen Steine hiedurch geschlagen und zugleich polirt. Der Guß kann ihre kleinen Flächen nur undeutdeutlich ausdrucken. Bei den Vertiefungen aber kann der Arbeiter die Feile nicht gebrauchen, und er muß sie daher mit dem Grabstichel und Bunzen beschneiden und säubern. Er nimmt hierauf einen Böhmischen Stein, an dem er eine Spitze gerieben hat, und polirt hiemit diese Höhlen und Ecken. Die Schnalle wird in Weinstein und Salz gewöhnlich gesotten. Die Haken kauft der Silberarbeiter dutzendweise und passet sie bloß ein.

c) Die getriebene oder ziselierte Arbeit hat erhabene Figuren, die auf der verkehrten Seite hohl sind. Beide Benennungen sagen, im Grunde betrachtet, einerlei, und man nennt es ziselieren, wenn die Figuren vorzüglich stark ausgetrieben sind. Das Treiben geschieht aber auf eine dreifache Art:

aa) Bloß mit den Bunzen. Der Ziselierer zeichnet erst die Figuren auf derjenigen Seite, wo sie sich erheben sollen, z. B. auf dem Deckel einer Dose, legt sie auf eine Pechkugel, deren Bestandtheile bereits oben erzählt sind, und schlägt mit dem Schrotbunzen, einem etwas scharfen Bunzen, nach allen Linien des Umrisses der Figur, daß sie auf der verkehrten Seite sichtbar werden. Der Pechkuchen ruht bei Kleinigkeiten auf einem Kittstock, damit man ihn bequem nach allen Seiten dre- hen kann. Bei einer großen Arbeit liegt er auf einem hölzernen Kranz des Werkti- sches. Alsdenn wird der Deckel der Dose umgekehrt, daß die verkehrte Seite oben liegt, und der Ziselierer treibt mit platten und runden Bunzen, wie es die Zeichnung mit sich bringt, alle Figuren aus. Er kehrt von neuem den Deckel um, und giebt mit den Bunzen auf der rechten Seite den Figuren ein vollkommenes Ansehen. Man sieht leicht, daß nicht alle Striche der Zeichnung einer Figur auf der verkehrten Seite können getrieben werden, z. E. der Mund eines Menschen, so wie auch die platten Theile der Figuren.

bb) Kann aber der Ziselierer mit den Bunzen zu der verkehrten Seite nicht zukommen, z. E. zu dem Bauch einer Kanne, so treibt er auf dieser Seite die Figur mit der winklichen Spitze des Schnarreisens Fig. XLII. aus. Er legt das Gefäß auf die Spitze dieses Instruments, lenkt es auf derselben nach den ausgeschroteten Figuren, und schlägt stark oder schwach auf die Stange, nachdem die Figur soll erhöhet seyn. Das erschütterte Eisen vertritt hier also die Stelle der Bunzen. Er gießt in das Gefäß Pech, und bildet die Figur auf der rechten Seite mit den Bunzen. Stark erhabene

bene Figuren werden bei beiden Arten auf einem besondern Blech ausgetrieben und angelöthet.

cc) Auf eine grobe Art werden diese Figuren auch wol mit einer Form ausgeprägt, aber nur bei geringen Waaren. Der Ziselierer nimmt eine messingene Platte, worauf die Figuren erhoben geprägt sind, legt das Gold- oder Silbergeschirr auf diese Form und auf das edle Metall eine Bleiplatte. Wenn er auf die letzte Platte mit dem Hammer schlägt, so drucken sich die Figuren der Messingplatte in dem Silber aus. Alle drei Arten dieser Arbeit werden gewöhnlich polirt. Zuweilen aber bleiben wol einige Stellen unpolirt oder matt, und alsdenn treibt der Ziselierer diese Stellen mit besondern platten Bunzen, den Mattbunzen. Daher nennt der Goldschmid die getriebene Arbeit, matte Arbeit.

Anm. Jeder starke Fehlschlag macht die Figur unförmlich, ohnerachtet man kleine Fehler mit den Bunzen verbessern kann. Der Ziselierer muß also eine sehr leichte Hand haben, und daher sind diejenigen Arbeiter hiezu nicht geschickt, welche grobe Arbeit verfertigen, weil dies ihre Hand schwer macht. In großen Werkstätten arbeiten insgemein einige Gesellen, die sich bloß mit dem Treiben beschäftigen, und die hierin eine bewundernswürdige Geschicklichkeit durch die Uebung erhalten.

B) Der Goldarbeiter

oder Juwelier gießt und schlägt zwar auch kleine Stücke von Gold z. E. Ringe und Ohrgehänge, aber vorzüglich besitzt er die Geschicklichkeit, Edelsteine zu fassen. Sein Vorrath an Waaren ist daher zwar gering, aber desto kostbarer, und er besteht größtentheils aus Ringen mit Steinen, und aus dem Geschmeide der Frauenzimmer.

a) Im voraus ist zu bemerken, daß der Juwelier die Steine nach einer dreifachen Figur geschliffen von dem Steinschneider erhält. Der Brillant läuft auf beiden Seiten spitz zusammen, und auf diesen kegelartigen Theilen sind eine Menge kleiner Flächen geschnitten, die man Facetten nennt. Der Rosenstein oder die Rosette ist auf der Seite, die von dem Kasten bedeckt wird, platt, auf dem vorstehenden Theil aber hat er die Gestalt eines Brillanten. Der Juwelier versteht unter einem Kasten das Metall, worin er die Steine befestigt. Der Tafelstein ist auf allen Seiten platt, außer daß an der obern Fläche die Ecken abgeschliffen sind, damit er in dem Kasten kann befestiget werden. Er hat also so viel Facetten, als die sichtbare Fläche mit Linien begrenzt ist, z. B. bei einem Viereck hat er vier Facetten.

b) Die

b) Die Kasten sind insgemein von Silber, weil sich die Steine am besten in diesem Metall ausnehmen, und weil sie sich hierin, nach den Bemerkungen der Goldarbeiter, am bequemsten fassen lassen. Sie bestehn aus einem dicken massiven Silberblech, dem der Juwelier eine Gestalt nach der Verschiedenheit der Arbeit, nach seiner Zeichnung und nach der Mode giebt. Z. E. bei einem Ring ist er rund oder wie eine Rose. Nur große gefärbte Steine werden zuweilen in Gold gefaßt.

c) Der Juwelier bedienet sich beim Fassen der Steine ganz einfacher Handgriffe.

aa) Zuweilen besteht das Ganze bloß aus einem oder mehrern vereinigten Kasten, z. E. bei dem Kopfschmuck der vornehmen Frauenzimmer. Alsdenn giebt er jedem Kasten mit der Feile seine Figur, und setzt die Steine auf demselben bloß nach einer Zeichnung, die sich zum öftern mit der Mode ändert. Gewöhnlich stellt er auf einen Kasten einen großen Hauptstein, und um ihn faßt er einige kleinere Steine. Dies nennt er Carmosiren. Der Hauptstein kann ein Tafelstein, Rosette, oder Brillant seyn, zum Carmosiren aber nimmt man gewöhnlich kleine Brillanten. Der Goldarbeiter bezeichnet nach seinem Riß jeden Ort auf dem Kasten, wo er einen Stein einsetzen

will,

will, und bohrt für jeden Stein mit dem Drillbohrer ein Loch. Jedes Loch gräbt er mit dem Grabstichel nach der Figur des Steines aus, den er in dasselbe einsetzen will, und dies nennt er justiren. Ehe aber die Steine gefaßt werden, löthet er zwischen den Löchern oder auf der Seite der Kästen kleine Buckeln oder Figuren mit der Löthlampe auf, z. E. kleine Blumen, Sterne 2c. Er bildet sie vorher mit dem Grabstichel, oder mit kleinen Stempeln. Die Materie dieser kleinen Figuren richtet sich nach der Materie des Ganzen, worauf der Kasten soll angebracht werden, z. E. bei einem goldenem Ringe sind sie von Gold. Hierauf macht er in dem Kasten, worin ein Diamant soll gefaßt werden, einen Grund von gebranntem Elfenbein und Mastix. In die Kasten der übrigen Steine legt er Folie. Die Farbe der Folie stimmt nicht stets mit der Farbe des Steins überein, sondern der Juwelier wählt oft eine Folie von einer andern Farbe, um einen schlechten Stein hiedurch zu heben. Ueberhaupt erhöht das Schleifen und die Folie den Stein, und giebt ihm ein stärkeres Feuer. Es gehört dies daher vorzüglich zu der Kunst eines Juweliers, die Fehler der Steine durch die Folie und durch andre kleine Handgriffe zu verbergen; z. B. wenn ein Diamant einen

einen gelben Fleck hat, so bestreicht er die Facette unter dem Fleck mit blauer Farbe, und dies macht den Fehler unmerklich. Billig aber sollte durch diese Geschicklichkeit der Käufer nicht Schaden leiden. Beim Fassen befestigt man kleine Kasten in einem Kitt von Colofonium, große Stücke aber in dem Feilkolben. Der Juwelier setzt einen Stein nach dem andern in ein Loch, und treibt das Silber mit den Bunzen an den Stein, damit es sich an die untersten Facetten anschließt und hiedurch den Stein befestigt. Die Bunzen treibt ein kleiner Hammer, der einen Stiel von Fischbein hat. Ein zu starker Schlag mit einem Hammer, der einen unbiegsamen Stiel hätte, würde die Steine beschädigen. Dies aber ist bei einem elastischen Stiel nicht zu besorgen.

bb) Andre Kasten werden auf goldenen Kostbarkeiten, z. E. auf einem Ring, aufgelöthet, und alsdenn faßt man erst die Steine. Bei großen Stücken, z. E. bei goldenen Dosen, schneidet der Juwelier ein solches Stück aus, als nach der Zeichnung die Figur des Kastens haben soll, und löthet dagegen ein Stück Silber ein. Die Steine werden hier gleichfalls, wie bei dem ersten Fall, gefasset. Die Handgriffe bei der Bearbeitung der Metalle hat der Goldarbeiter mit dem Silberarbeiter gemein.

Die

Die kleinen Figuren, die Ecken und Vertiefungen polirt er mit Buchsbaumholz, und reibt zuletzt das Ganze mit einer starken Bürste ab.

Anm. In den Seestädten versteht man unter einem Juwelier keinen Professionisten, sondern einen Kaufmann, der eine Kenntniß der Edelsteine besitzt, und der mit dieser kostbaren Waare handelt.

C) Der Galanteriearbeiter

verfertigt gleichfalls bloß solche Waaren, die zur Pracht von den Vornehmen gekauft werden. Massive Dosen, Fassungen solcher Dosen, die aus geschnittenen Platten der Halbedelsteine zusammengesetzt werden, Galanteriedegen, Kapseln zu Portraits, und Stockknöpfe sind seine gewöhnlichen Arbeiten. Durch einige Beispiele wird man sich von seiner Kunst einen Begriff machen können.

a) Eine goldene Dose wird auf eben die Art zu einem groben Körper geschmiedet, wie die Koffekanne beim Silberarbeiter. Sobald der Hammer der Dose die bestimmte Figur gegeben hat, übergiebt sie dieser Professionist dem Ziselierer, wenn sie soll getrieben werden, oder dem Juwelier, wenn sie mit Edelsteinen besetzt werden soll. Der Ziselierer schickt sie getrieben zurück, allein der Juwelier löthet jetzt bloß, wie oben schon gedacht ist, die silbernen Kasten in

der

der Dose ein, und übergiebt sie dem Galanteriearbeiter wieder. Wenn sie der Goldarbeiter von diesem Künstler erhält, so befeilt und polirt er sie. Alsdenn faßt der Jouwelier die Steine; und auf Dosen, welche gravirt werden sollen, werden gleichfalls Figuren mit dem Grabstichel ausgegraben, wenn sie bereits polirt sind. In dieser Gestalt werden sie auch emaillirt. Endlich löthet der Galanteriearbeiter das Charnier an, daß er, wie oben bei der Koffekanne, verfertigt, und polirt sie von neuem. Weil sich zwei vereinigte Metalle von einerlei Art stark reiben, so nimmt man zu dem Drath dieses Charniers gerne Messing.

Man löthet aber auch Dosen aus verschiedenen Stücken zusammen. Durch eine eiserne Form, welche die Gestalt einer Dose hat, giebt der Galanteriearbeiter dem Goldblech an den Seiten der Dose seine Figur. Er legt dies Blech um diese Form, und bedeckt es mit einem Blech von Blei. Auf dies letztere schlägt er mit einem Hammer dergestalt, daß sich das Gold unter demselben an allen Seiten an die Form anschließt. Den Schluß, oder den obern Theil am Rande des Deckels löthet man an, und hiedurch wird das Goldblech zugleich zusammen gehalten. Nach dem Umfange dieses Schlusses löthet man den

Ring des Deckels zusammen, der vorher auf dem Seckenstock gezogen ist. Endlich werden in der Dose selbst, und in dem Ring des Deckels die Boden eingelöthet, beides durch das Charnier verknüpft, und das ganze wird polirt.

b) Das Gefäß eines Degens besteht aus drei Theilen, dem Griff, dem Bügel, und dem Stichblatt. Jedes Stück wird besonders gegossen. Den Griff gießt der Galanterie-arbeiter als zwei Hälften, und löthet sie zusammen. Vorher aber wird jede Hälfte zuweilen getrieben, zuweilen aber werden Kasten zu den Edelsteinen eingelöthet, wenn der Degen von Gold ist. Das Emailliren und Graviren aber geschieht, wenn beide Hälften bereits durch das Schlagloth vereinigt sind. Oder man schmiedet auch beide Hälften aus einem Blech, und giebt ihm die platte Figur des Griffs. Alsdenn legt man jede auf ein Loch einer Bleiplatte, das nach der Figur des Griffs ausgegraben ist, und prägt mit einem Stempel, so wie bei den Löffeln, die Ausbauchung jeder Hälfte. Der Bügel und das Stichblatt werden im Ganzen gegossen. Alle drei Stücke aber bearbeitet der Galanteriearbeiter mit der Feile und den Grabstícheln, und polirt sie, so wie es das Metall erfordert, woraus das Gefäß verfertigt ist. Den

Bü-

Bügel löthet er unter dem Stichblatt an, oder befestigt ihn mit einer Schraube. An dem Knopf des Gefäßes wird er aber entweder angeschroben, oder man steckt ihn in ein schief gebohrtes Loch des Knopfs, damit er nicht abspringe, und löthet ihn ein. Der Schwerdtfeger legt endlich an das Gefäß die letzte Hand, indem er die Angel der Klinge durch ein Loch des Stichblatts und des Griffs steckt, und sie auf dem Knopf vernietet. Hiedurch wird der Griff und das Stichblatt vereinigt.

c) Die Galanteriearbeiter geben auch den Gefäßen zu den Couteaux de Chasse, den Dosen und andern Galanteriarbeiten durch das Schmelzglas, im Feuer, einen glatten und undurchsichtigen gläsernen Ueberzug; und dies nennt man emailliren. Das Gold, das feine Silber und Kupfer nehmen diese Bedeckung am besten an, mit den übrigen Metallen aber vereinigt sich das Glas nicht so gut.

aa) Das Schmelzglas, die Schmelze oder Email kauft der Galanteriearbeiter in den Laden der Galanteriehändler, und diese erhalten es aus Venedig und Holland in kleinen Tafeln 4 bis 5 Zoll ins Gevierte, und einige Striche dick. Es wird aus dem besten Crystallglas verfertigt, oder an dessen statt auch aus den Bestandtheilen dieses Glases, aus Sand und Kieselstein mit

Zinn- oder Bleiasche vermischt. Eigentlich sieht es weiß aus, man kann ihm aber auch durch Farben aus dem Mineralreich eine grüne, gelbe, schiefergraue, himmelblaue, und eine gewisse dunkelblaue Farbe geben. Es wird schon in Tafeln, welche auf die gedachte Art gefärbt sind, verkauft, und durch Vermischung derselben entstehen die übrigen Farben. Man gebraucht diese Schmelze auch zu dem Porcellan, zum Emailliren, und zu der bekannten Schmelzarbeit, welche von Frauenzimmern verfertigt wird. Zu dem letztern Gebrauch kann man sie schon als kleine Korallen oder als kleine hohle Cylinder kaufen.

bb) Das beschriebene Schmelzglas zerschlägt der Galanteriearbeiter zu einem Pulver, und reibt dies zerstoßene Glas mit Wasser in einer Matrelle, so wie man Farben reibt. Matrelle nennt dieser Künstler eine gläserne Reibschale mit einer Keule von eben der Materie. Wenn die Schmelze fein genug zerrieben ist, so gießt man Scheidewasser darauf, und läßt es hiemit eine Nacht stehen. Dieser scharfe Spiritus löset die Unreinigkeit des Schmelzglases auf, und man schlämmt es hernach mit Wasser, wenn das Scheidewasser abgegossen ist. Das Wasser führt den aufgelösten Schmutz ab. Alsdenn werden Quittenkerne im Was-

Wasser eingeweicht, und mit dem Schleim von diesen Kernen feuchtet man das zerriebene Schmelzglas an. Die Arbeit, welche man emailliren will, ist bereits völlig mit den Böhmischen Steinen glatt geschliffen, und mit der Kratzbürste gerieben, ehe diese Masse aufgetragen wird, damit die rauhen Theile des Metalls nicht die Oberfläche der Schmelze uneben machen. Das Auftragen geschieht mit einem Pinsel. Man macht hierauf in einem Loche des Windofens ein ziemlich starkes Kohlfeuer, und bedeckt es mit einem Rost, oder mit Eisenblech. Hierauf legt man die mit Schmelzglas gestrichene Arbeit, und bedeckt sie mit einer Muffel. Das Pulver muß aber schon völlig trocken seyn, wenn man das Metall ins Feuer bringt. Der Anstrich wird auf dem Metalle durch die Hitze flüssig, und es entsteht hieraus diejenige Glasrinde, welche man Email nennt. Bei dem ersten Auftragen und Glühen aber erhält die Schmelze eine grünliche Farbe, und dies entsteht durch den Grünspan des Kupfers in den legirten Metallen. Man muß daher das Metall drei bis viermal überstreichen, und ins Feuer bringen, bis dieser ungesuchte Anstrich verschwindet. Dies gilt vorzüglich von der weißen Email. Soll die Schmelze weiß bleiben oder nur durchgängig eine gleiche Farbe erhalten, so hat die Arbeit nun ihre Vollkommenheit. Soll sie aber bemahlet werden, so übergiebt man sie den Emailmahlern, und bringt sie nach dieser Verrichtung nochmals mit den Farben ins Feuer. Hiedurch vereinigen sich die Farben des Mahlers mit der Schmelze.

Endlich verstehen die hiesigen Galanteriearbeiter die Kunst, das Gold zu färben, und hieraus Figuren nach ihrer natürlichen Farbe zusammenzusetzen. Z. E. die Figur eines Menschen erhält ein fleischfarbenes Gesicht, ein blaues Kleid u. s. w. Diese Farbe ist aber nicht etwa ein äußerer Anstrich, sondern sie versetzen das Gold dergestalt mit andern Metallen, daß es durchgängig gefärbt ist. Insgemein werden die Deckel der Dosen aus solchen verschiedenen Stücken eines gefärbten Goldes zusammengesetzt, daß mannigfaltige Farben, die ein Gemälde ausmachen, auf demselben entstehen. Gewöhnlich werden sie hernach gravirt. Man würde aber in der That zu viel verlangen, wenn man ein Geheimniß von einem Künstler erforschen wollte, das ihm Vortheile und Vorzüge bringt.

Anm. Der Silberarbeiter schlägt auf jedes Loth bei dem Verkauf 4 Gr. Arbeitslohn, wenn die Arbeit glatt ist. Bei der matten oder getriebenen Arbeit verdient er 5 bis 7 Gr. nachdem die Arbeit künstlich ist. Von dem Arbeitslohn bei dem Golde läßt sich nichts gewisses festsetzen, weil man bei jedem Stück den Preis nach der Kunst und nach der Mühe festsetzt, welche dabei muß angewandt werden.

E) Zünftigkeit.

a) **Beurtheilung.** Alle drei Arten der Gold- und Silberarbeiter sind durch eine gewöhnliche Zunft mit einander vereinigt. Daher kommt es, daß eine Art die Handgriffe der übrigen gleichfalls kennet, und daß es jedem Professionisten dieser Handwerke frei steht, Gold- und Silberwaaren von aller Art zu verfertigen, wenn er hiezu nur Geschicklichkeit besitzt.

b) Ihre Lehrbursche müssen 7 Jahre bei ihren Lehrherrn ausstehen, und erlernen diese Profession unentgeltlich.

c) Das Wandern wird ihren Gesellen nicht zur Pflicht gemacht, und daher erhalten ankommende Gesellen auch kein Geschenk. Sie verdienten sonst in den Werkstätten wöchentlich 1 Rthr.; anjetzt aber hat man ihnen einige Groschen zugelegt.

d) Es

b) Es steht den angehenden Meistern völlig frei, was sie für ein Meisterstück verfertigen wollen. Sie achten hiebei auch nicht die hergebrachten Gebräuche der übrigen Professionisten, z. E. die Geldstrafen wegen begangener Fehler.

Kolibri 360 GmbH
Ferdinand-Jühlke-Straße 7
99095 Erfurt, Deutschland
produktsicherheit@kolibri360.de